国际大奖儿童文学 ▎跟文学大师学写作文 ▎
◎中国著名科普作家代表作

细菌世界历险记

THE
ADVENTURE
IN BACTERIAL WORLD

[中国] 高士其 ——— 著

天 地 出 版 社 | TIANDI PRESS

　　中外很多杰出的长者根据自己的切身体会一致认为，在年轻的时候多读一些世界文学名著，是构建健全人格基础的一条捷径。

　　这是因为，世界文学名著是岁月和空间的凝练，集中了智者对于人性和自然的最高感悟。阅读它们，能够使青少年摆脱平庸和狭隘，发现自己居然能获取那么伟大的精神依托，于是也就在眼前展现出了更为精彩的人生可能。

　　同时，世界文学名著又是一种珍贵的美学成果，亲近它们也就能领会美的无限魅力。美是一种超越功利、抑制物欲的圣洁理想，有幸在青少年时期充分接受过美的熏陶的人，不管今后从事什么职业，大多会毕生散发出美的因子，长久地保持对于丑陋和恶俗的防范。一个人的高雅素质，便与此有关。

　　然而，话虽这么说，这件事又面临着很多风险。例如，不管是小学生还是中学生，课程分量本已不轻，又少不了各种少年或者青春的游戏，真正留给课余阅读的时间并不是很多。这一点点时间，还极有可能被流行风潮和任性癖好所席卷。他们吞嚼了大量无聊的东西，不幸成了信息爆炸的牺牲品。

　　为此，我总是一次次焦急地劝告学生们，不要陷入滥读的泥淖。我告诉他们："当你占有了一本书，这本书也占有了你。书可以重新翻印，而你的生命不可重复。"我又说："你们的花苑还非常娇嫩，真不该让那么多野马来纵横践踏。"不少学生相信了我，但又都眼巴巴地向

我提出了问题："那么，我们该读一些什么书？"

这确实是广大学者、教师和一切年长读书人都应该承担的一个使命。为学生们选书，也就是为历史选择未来，为后代选择尊严。

这套"国际大奖儿童文学"，正是这种努力的一项成果。丛书在精选书目上下了不少功夫，然后又由一批浸润文学已久的作者进行缩写。这种缩写，既要忠实于原著，又要以浅显简洁的形态让广大青少年学生能够轻松地阅读、快乐地品赏。有的学生读了这套丛书后发现自己最感兴趣的是其中哪几部，可以再进一步去寻找原著。因此，它们也就成了进一步深入的桥梁。

除了青少年读者，很多成年人也会喜欢这样的丛书。他们在年轻时也可能陷入过盲目滥读的泥淖，也可能穿越过无书可读的旱地，因此需要补课。即使在年轻时读得不错的那些人，也可以通过这样的丛书来进行轻快的重温。由此，我可以想象两代人或三代人之间一种有趣的文学集结。一家人在同一个屋顶下围绕着相同的作品获得了共同的人文话语，实在是一件非常愉快的事情。

特此推荐。

余秋雨

写于二〇一六年秋
修订于二〇一九年春

跟文学大师学写作文

高士其（1905—1988），中国著名科学文艺作家和社会活动家，中国科普事业的先驱和奠基人，被人们亲切地称为"高士其爷爷"。他的作品兼具科学性与文学性，深受广大青少年读者的喜爱。

一部轻松有趣、通俗易懂的科普著作

《细菌世界历险记》是一部充满趣味的科普作品，其以通俗浅显、形象活泼的语言诠释了晦涩深奥的科学知识。在写作方面，作者高士其有什么诀窍呢？我们赶快来学习一下吧！

● 如何让文章更吸引眼球？

标题简洁生动、新颖独特，给人眼前一亮的感觉："呼吸道的探险""肠腔里的会议""声——爆竹声中话耳鼓""凶手在哪儿"……这些五花八门的标题，不仅点出了文章所讲的内容，还十分新颖有趣，一下子就抓住了读者的眼球，激发了读者的好奇心。特别是"声——爆竹声中话耳鼓"这个标题，化用了人们所熟知的诗句"爆竹声中一岁除"，以辞旧迎新的爆竹声作为切入点来讲述关于声音的科学知识，无论是标题还是内容都足够吸引人。

●如何增强文章的趣味性?

　　幽默、风趣的语言风格,辅以拟人、比喻、排比等修辞手法,使文章变得生动有趣:在《科学童话:菌儿自传》中,作者以"菌儿"的视角,采用自述式写法,大量运用比喻、拟人、排比等修辞手法,把细菌塑造成一个有血有肉的"人物"形象,将枯燥难懂的细菌学知识以诙谐生动的语言娓娓道来,既拉近了与读者的距离,又增强了文章的趣味性,使读者在快乐中学到了科学知识。我们在写作时,也可以通过这样的方法让文章显得富有生趣。

●如何提升文采?

　　在文中插入诗歌,既丰富了文章的内容,又使文章富有诗意:书中,作者穿插了一些切合主题的科学小诗,这些小诗语言清新,节奏鲜明,朗朗上口,不仅有助于说明事理,还令文章文采飞扬,极具美感和表现力。我们在写作时,也可以通过仿写诗歌、引用他人诗歌等形式来为自己的文章添彩。

····　好词好句　····

　　至于我,我是菌族里最小最小,最轻最轻的一种。小得使你们肉眼,看得见灰尘的纷飞,看不见我们也夹在里面飘游。轻得我们好几十万挂在苍蝇脚下,它也不觉着重。真的,我比苍蝇的眼睛还小1000倍,比顶小一粒灰尘还轻100倍哩。

　　现在我们东方第一古国的悲剧,已一幕一幕地揭开了。我们要学春秋战国时代,荆轲和高渐离二侠士在燕市酒店里,那样慷慨悲壮的流泪。我们希望拿四万万大众的热泪,来掀波翻浪洗净国耻。然而泪终于是弱者的武器,单靠它来救亡图存,那力量是太薄弱了。

科学童话：菌儿自传

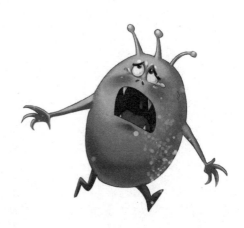

目 录
CONTENTS

科学小品：细菌与人

目 录
CONTENTS

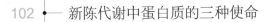

科学趣谈：细胞的不死精神

科学童话：
菌儿自传

❧ 我的名称 ❧

这一篇文章，是我老老实实的自述，请一位曾直接和我见过几面的人笔记出来的。

我自己不会写字，写出来，就是蚂蚁也看不见。

我也不曾说话，就有一点声音，恐怕苍蝇也听不到。

那么，这位笔记的人，怎样接收我心里所要说的话呢？

那是暂时的一种秘密，恕我不公开吧。

闲话少讲，且说我为什么自称做"菌儿"。

我原想取名为微子，可惜中国的古人，已经用过了这名字，而且我嫌"子"字有点大人气，不如"儿"字谦卑。

自古中国的皇帝，都称为天子。这明明要挟老天爷的声名架子，以号召群众，使小百姓们吓得不敢抬头。古来的圣贤名哲，又都好称为子，什么老子、庄子、孔子、孟子……真是"子"字未免太名贵了，太大模大样了，不如"儿"字来得小巧而逼真。

我的身躯，永远是那么幼小。人家由一粒"细胞"出身，能积成几千，几万，几万万。细胞变成一根青草，一把白菜，一株挂满绿叶的大树，或变成一条蚯蚓，一只蜜蜂，一头大狗，大牛，乃至于大象、大鲸，看得见，摸得着。我呢，也是由一粒细胞出身，虽然分得格外快，格外多，但只恨它们不争气，不团结，所以变来变去，总是那般一盘散沙似的，孤单单的，一颗一颗，又短又细又寒

THE ADVENTURE IN BACTERIAL WORLD

酸。惭愧惭愧，因此今日自命做"菌儿"。为"儿"的原因，是因为小。

至于"菌"字的来历，实在很复杂，很渺茫。屈原所作《离骚》中，有这么一句："杂申椒与菌桂兮，岂惟纫夫蕙茝"。这里的"菌"，是指一种香木。这位失意的屈先生，拿它来比喻贤者，以讽刺楚王。我的老祖宗，有没有那样清高，那样香气熏人，也无从查考。不过，现代科学家都已承认，菌是生物中之一大类。菌族菌种，很多很杂，菌子菌孙，布满地球。你们人类所最熟识者，就是煮菜煮面所用的蘑菇香蕈之类，那些像小纸伞似的东西，黑圆圆的盖，硬短短的柄，实是我们菌族里的大汉。当心呀！勿因味美而忘毒，那大菌，有的很不好惹，会毒死你们贪吃的人呀。

至于我，我是菌族里最小最小，最轻最轻的一种。小得使你们肉眼，看得见灰尘的纷飞，看不见我们也夹在里面飘游。轻得我们好几十万挂在苍蝇脚下，它也不觉着重。真的，我比苍蝇的眼睛还小1000倍，比顶小一粒灰尘还轻100倍哩。

因此，自我的始祖，一直传到现在，在生物界中，混了这几千万年，没有人知道有我。大的生物，都没有看见过我，都不知道我的存在。不知道也罢，我也乐得过着逍逍遥遥的生活，没有人来搅扰。天晓得，后来，偏有一位异想天开的人，把我发现了，我的秘密，就渐渐地泄露出来，从此多事了。

这消息一传到众人的耳朵里，大家都惊惶起来，觉得我比黑暗里的影子还可怕。然而始终没有和我对面会见过，仍然是莫名其妙，恐怖中，总带着半疑半信的态度。

"什么'微生虫'？没有这回事，自己受了风，所以肚子痛了。"

"哪里有什么病虫？这都是心火上冲，所以头上脸上生出疖子疔疮来了。"

"寄生虫就说有，也没有那么凑巧，就爬到人身上来，我看，你的病总是湿气太重的缘故。"

这是我亲耳听见过三位中医，对于三位病家所说的话。我在

003
PAGE NUMBER

旁暗暗地好笑。他们的传统观念，病不是风生，就是火起，不是火起，就是水涌上来的，而不知冥冥之中还有我在把持活动。

因为冥冥之中，他们看不见我，所以又疑云疑雨地叫道："有鬼，有鬼！有狐精，有妖怪！"其实，哪里来的这些魔物，他们所指的，就是指我，而我却不是鬼，也不是狐精，也不是妖怪。我是真真正正，活活现现，明明白白的一种生物，一种最小最小的生物。

既是生物，为什么和人类结下这样深的大仇，天天害人生病，时时暗杀人命呢？说起来也话长，真是我有冤难申，在这一篇自述里面，当然要分辩个明白，那是后文，暂搁不提。

因为一般人，没有亲见过，关于我的身世，都是出于道听途说，传闻失真，对于我未免胡乱地称呼。

虫，虫，虫——寄生虫，病虫，微生虫，都有一个字不对。我根本就不是动物的分支，当不起"虫"字这尊号。

称我为寄生物，为微生物，好吗？太笼统了。配得起这两个名称的，又不只我这一种。

唤我做病毒吗？太没有生气了。我虽小，仍是有生命的啊。

病菌，对不对？那只是我的罪名，病并不是我的职业，只算是我非常时的行动，真是对不起。

是了，是了，微菌是了，细菌是了。那固然是我的正名，却有点科学绅士气，不合乎大众的口头语，而且还有点西洋气，把姓名都颠倒了。菌是我的姓。我是菌中的一族，菌是植物中的一类。

菌字，口之上有草，口之内有禾，十足地表现出植物中的植物。这是寄生植物的本色。我是寄生植物中最小的儿子，所以自愿称做菌儿。以后你们如果有机缘和我见面，请不必大惊小怪，从容地和我打一个招呼，叫声菌儿好吧。

我的籍贯

我们姓菌的这一族，多少总不能和植物脱离关系罢。

植物是有地方性的。这也是为着气候的不齐。热带的树木，移植到寒带去，多活不成。你们一见了芭蕉、椰子之面，就知道是从南方来的。荔枝、龙眼的籍贯是广东与福建，谁也不能否认。

我菌儿却是地球通，不论是地球上哪一个角落里，只要有一些水汽和"有机物"，我都能生存。

我本是一个流浪者。

像西方的吉卜赛民族，流荡成性，到处为家。

像东方的游牧部落，逐着水草而搬移。

又像犹太人，没有了国家，散居异地谋生，都能各个繁荣起来，世界上大富之家，不多是他们的子孙吗？

这些人的籍贯，都很含混。

我又是大地上的清道夫，替大自然清除腐物烂尸，全地球都是我工作的区域。

我随着空气的动荡而上升。有一回，我正在天空4000米之上飘游，忽而遇见一位满面都是胡子的科学家，驾着氢气球上来追寻我的踪迹。那时我身轻不能自主，被他收入一只玻璃瓶子里，带到他的实验室里去受罪了。

我又随着雨水的浸润而深入土中。但时时被大水所冲洗，洗到

江河湖沼里面去了。那里的水，我真嫌太淡，不够味。往往不能得一饱。

犹幸我还抱着一个很大的希望：希望娘姨大姐，贫苦妇人，把我连水挑上去淘米洗菜，洗碗洗锅；希望农夫工人，劳动大众，把我一口气喝尽了，希望由各种不同的途径，到人类的肚肠里去。

人类的肚肠，是我的天堂，
在那儿，没有干焦冻饿的恐慌，
那儿只有吃不尽的食粮。

然而事情往往不如意料的美满，这也只好怪我自己太不识相了，不安分守己，饱暖之后，又肆意捣毁人家肚肠的墙壁，于是乱子就闹大了。那个人的肚子，觉着一阵阵的痛，就要吞服了蓖麻油之类的泻药，或用灌肠的手法，不是油滑，便是稀散，使我立足不定，这么一泻，就泻出肛门之外了。

从此我又颠沛流离，如逃难的灾民一般，幸而不至于饿死，辗转又归到土壤了。

初回到土壤的时候，一时寻不到食物，就吸收一些空气里的氮气，以图暂饱。有时又把这些氮气，化成了硝酸盐，直接和豆科之类的植物换取别的营养料。有时遇到了鸟兽或人的尸身，那是我的大造化，够我几个月乃至几年享用了。

天晓得，20世纪以来，美国的生物学者，渐渐注意了伏于土壤中的我。有一次，被他们掘起来，拿去化验了。

我在化验室里听他们谈论我的来历。

有些人就说，土壤是我的家乡。

有的以为我是水国里的居民。

有的认为我是空气中的浪子。

又有的称我是他们肚子里的老主顾。

各依各人的试验所得而报告。

其实，不但人类的肚子是我的大菜馆，人身上哪一块不干净，哪一块有裂痕伤口，哪一块便是我的酒楼茶店。一切生物的身体，不论是热血或冷血，也都是我求食借宿的地方。只要环境不太干，不太热，我都可以生存下去。

干莫过于沙漠，那里我是不愿去的。埃及古代帝王的尸体，所以能保藏至今而不坏者，也就为着我不能进去的缘故。干之外再加以防腐剂，我就万万不敢去了。

热到了60℃以上，我就渐渐没有生气，一到了100℃的沸点，我就没有生望了。我最喜欢是暖血动物的体温，那是在37℃左右罢。

热带的区域，既潮湿，又温暖，所以我在那里最惬意，最恰当。因此又有人认为我的籍贯，大约是在热带罢。

世界各国人口的疾病和死亡率，据说以中国与印度为最高，于是众人的目光又都集中在我的身上了，以为我不是中国籍，便是印度籍。

最后，有一位欧洲的科学家站起来说，说是我应属于荷兰籍。

说这话的人以为，在17世纪以前，人类始终没有看见过我，而后来发现我的地方，却在荷兰国，德尔夫市政府的一位看门老头子的家里。

这事情是发生于公元1675年。

这位看门先生是制显微镜的能手。他所制的显微镜，都是单用一片镜头磨成，并不像现代的复式显微镜那么笨重而复杂，而他那些镜头的放大力，却也不弱于现代科学家所用的。我是亲尝过这些镜头的滋味，所以知道得很清楚。

这老头儿，在空闲的时候，便找些小东西，如蚊子的眼睛，苍蝇的脑袋，臭虫的刺，跳蚤的脚，植物的种子，乃至于自己身上的皮屑之类，放在镜头下聚精会神地细看，那时我也夹杂在里面，有好几番都险些被他看出来了。

但是，不久，我终于被他发现了。

有一天，是雨天吧，我就在一小滴雨水里面游泳，谁想到这一滴雨水，就被他寻去放在显微镜下看了。

他看见了我在水中活动的影子，就惊奇起来，以为我是从天而降的小动物，他看了又看，疯狂似的。

又有一次，他异想天开，把自己的齿垢刮下一点点来细看，这一看非同小可，我的原形都现于他的眼前了。原来我时时都伏在那齿缝里面，想分吃一点"入口货"，这一次是我的大不幸，竟被他捉住了，使我族几千万年以来的秘密，一朝泄露于人间。

我在显微镜底下，东跳西奔，没处藏身，他眼也看红了，我身也疲乏了，一层大大厚厚的水晶上，映出他那灼灼如火如电的目光，着实可怕。

后来他还将我画影图形，写了一封长长的信，报告给伦敦"英国皇家学会"，不久消息就传遍了全欧洲，所以至今欧洲的人，还有以为我是荷兰籍者。这是错以为发现我的地点就是我的发祥地。

老实说，我就是这边住住，那边逛逛；飘飘然而来，渺渺然而去，到处是家，行踪无定，因此籍贯实在有些决定不了。

然而我也不以此为憾。鲁迅的阿Q，那种大模大样的乡下人籍贯尚且有些渺茫，何况我这小小的生物，素来不大为人们所注视，又哪里有记载可寻，历史可据呢！

不过，我既是造物主的作品之一，生物中的小玲珑，自然也有个根源，不是无中生有，半空中跳出来的，那么，我的籍贯，也许可从生物的起源这问题上，寻出端绪来吧。但这问题并不是一时所能解决的。

最近，科学家用电子显微镜和科学装备，发现了原始生物化石。在非洲南部距今31亿年前太古代地层中，找到长约0.5微米杆状细菌遗迹，据说这是最古老的细菌化石。那么，我们菌儿祖先确是生物界原始宗亲之一了。这样，我的原籍就有证据可查了。

无情的火

我从踏进了玻璃小塔之后，初以为可以安然度日了。

想不到，从白昼到黑夜又到了白昼，刚刚经过了24小时的拘留，我正吃得饱饱的，懒洋洋地躺在牛肉汁里，由它浸润着；忽然塔身震荡起来，一阵热风冲进塔中，天窗的棉花塞不见了，从屋顶吊下来一条又粗又长，明晃晃的、热烘烘的白金丝，丝端有一圈环子，救生环似的，把我钩到塔外去了。

我真慌了。我看见那位好生面熟的科学先生，坐在那长长的黑漆的试验桌旁，五六个穿白衫的青年都围着看，一双双眼睛都盯着我。他放下了玻璃小塔，提起了一片明净的玻璃片，片上已滴了一滴清水，就将右手握着那白金丝上的我，向这一滴水里一送，轻轻地大涂大搅，搅得我的身子乱转。这一滴水就似是我的大游泳池，一刹那，那池水已自干了。于是我的大难临头了。

我看见那酒精灯上的青光，心里已自兀突兀突地跳了。果然那狠心的科学先生一下子，就把我往火焰上穿过了三次，使那冰凉的玻璃片，立时变成热烫热烫的火床了。我身上的油衣都脱化了。烧得我的细胞焦烂，死去活来，终于是晕倒不省"菌"事了。

据说，后来那位先生还洗我以酒，浸我以酸，毒我以碘汁，灌我以色汤，使我披上一层黑紫衣，又披上一件大红衣，都是为着便利于检查我的身体，认识我的形态起见，而发明了这些曲曲折折的

手续。当时我是热昏了全然不知不觉的，一任他们摆弄就是了，又有什么法子想呢？自从此后，每隔一天，乃至一星期，我就要被提出来拷问，来受火的苦刑。

火，无情的火，我一生痛苦的经验，多半都是由于和它碰头。

这又引起我早年的回忆了。

我本是逐着生冷的食物而流浪的。这在谈我的籍贯那一章已说得明明白白了。

在太古蛮荒的时代，人类都是茹毛饮血，茹的是生毛，饮的是冷血。那时口关的检查不太严，食道可以随意放行，我也自由自在无阻无碍地，跟着那些生生冷冷的鹿肉呀羊心呀，到人类的肚肠去了。

自从传说中，不知前第几任的中国帝王，那淘气的燧人氏，那钻木取火的燧人氏，教老百姓吃熟食以来，我的生计问题，曾经发生过一次极大的恐慌。

后来还亏这些老百姓不大认真，炒肉片吧，炒得半生半熟，也满不在乎地吃了。不然就是随随便便地连碗底都没有洗干净就去盛菜，或是留了好几天的菜，味都变了，还舍不得不吃，这就给我一个"走私""偷运"的好机会了。他们都看不出我仍在碗里活动。

热气腾腾的时候，我固然不敢走近；凉风一拂，我就来了。

虽然，我最得力的助手，还是蝇大爷和蝇大娘。

我从肚肠里出来，就遇着蝇大爷。我紧紧地抱着他的腰，牢牢地握着他的脚。他嗡的一声飞到大菜间里去了。他扑的一下停落在一碗菜的上面，把身子一摇，把我抛下去了。我忍受着菜的热气，欢喜那菜的香味，又有的吃了。

我吃得很惶惑，抬起头来，听见一位牧师在自言自语：

"上帝呀，万有万能的主呵！你创造了亚当和夏娃，又创造了无数鸟兽鱼虫、花草木兰来陪伴他们，服侍他们。你的工作真是繁忙啊！你果真于六天之内都造成了这么多的生物么？你真来得及么？你第七天以后还有新的作品么？……

"近来有些学者对于你怀疑了。怀疑有好些小动物都未必是由你的大手挥成。它们都可以自己从烂东西里，自然而然地产生出来。就如苍蝇、萤火虫、黄蜂、甲虫之流，乃至于小老鼠，都是如此产生。尤其是苍蝇，苍蝇的公子哥儿的确是自然而然地从茅厕坑里跳出来的啊！……"

我听了暗暗地好笑。这是17世纪以前的事。那时的人，都还没有看见过苍蝇大娘的蛋，看见了也不知道是什么。

不久之后，在1688年的夏天，有一回，我跟着苍蝇大娘出游，游到了意大利一位生物学先生的书房里。她停落在一张铁纱网的面上，跳来跳去，四处探望。我闻到一阵阵的肉香，不见一块块的肉影。她更着急了，用那一只小脚子乱踢，把我踢落到那铁纱网的下边去了。原来肉在这里！

这是这位生物学先生的巧计。防得了苍蝇，却防不了我。小苍蝇虽不见飞进去，而那一锅的肉却依旧酸了烂了。

从此苍蝇的秘密被人类发觉了。为着生计问题，于是我更无孔不钻，无缝不入了。我也不便屡次高攀苍蝇的贵体，这年头，专靠苍蝇大爷和大娘谋食，是靠不住的呵！于是我也常常在空气中游荡，独自冒险远行以觅食。

有一回，是1745年的秋天吧，我到了爱尔兰，飞进了一位天主教神父的家里。他正在热烈的火焰上烧着一大瓶的羊肉汤，我闻着羊肉气，心怦怦地动。又怕那热气太高，就不敢下手。他煮好了，放在桌上，我刚要凑近，陡然的一下，那瓶口又给他紧紧密密地塞上了木塞子。我四周一看，还有个弯弯的大隙缝，就索性挤进去了。

初到肉汤的第一刻，我还嫌太热，一会儿就温和而凉爽了。一会儿，忽然又热起来了，那肉汤不停地乱滚，滚了好一个时辰，这才歇息了。我一上一下地翻腾，热得要死，往外一看，吓得我没命，原来那神父又在火焰上烧这瓶子了！烧了约莫快到一个钟头的光景。

我幸而没有被烧死，逃过了这火关，就痛快地大吃了一顿，把这一瓶清清的羊肉汤搅浑得不成样子了，仿佛是乱云飞絮似的上下浮沉。那阔嘴的神父，看了又看，又挑了一滴放在显微镜下再看，看完之后，就大吹大擂起来了。他说：

"我已经烧尽了这瓶子里的生命，怎么又会变出这许多来了？这显然是微生物会从羊肉汤里自然而然地产生出来的呀！"

我听了又好气又好笑。

这样糊里糊涂地又过了24年。

到了1769年的冬天，从意大利又发出反对这种"自然发生学说"的呼声，这是一位秃头教士的声音。他说：

"那爱尔兰神父的试验不精到，塞没有塞好，烧没有烧透，那木塞子是不中用的，那一个小时是不够用的。要塞，不如密不透风地把瓶口封住了。要烧，就非烧到一小时以上不可。要这样才……"

我听了这话，吃惊不小，叫苦连天。

一则有绝食的恐慌；二则有灭身的惨祸。

这是关于我的起源的大论战。教士与神父怒目；学者和教授切齿。他们起初都不能决定我的出身何处？起家哪里？从不知道或腐或臭的肉呵，菜啊，都是我吃饱了的成绩。他们却瞎说瞎猜，造出许多科学的谣言来，什么"生长力"哪，什么"氧化作用"哪，一大堆的论文，其实那黑暗的主动者就是我，都是我，只有我！

仿佛又像诸葛亮和周瑜定计破曹操似的，这些科学的军师们，一个个的手掌心，都不约而同地写着"火"字。他们都用火来攻我，用火来打破这微生物的谜。

火。无情的火，真害我菌儿死得好苦也！

这乱子一直闹了一个世纪，一直闹到了1864年的春天，这才给那位著名的胡子科学先生的试验，完完全全地解决了。

说起来也话长，这位胡子先生真有了不起的本事，真是细菌学军营里的姜子牙。我这里也不便细谈他的故事了。

单说有一天吧。这一天我飘到了他的实验室里了。他的实验室我是常光顾的。这一次却没有被请，而是我独立闲散地飞游而来了。

我看见满桌上排着二三十瓶透明的黄汤，有肉香，有甜味。那每一只的瓶颈，都像鹤儿的颈子一般，细细长长地弯了那么一大弯，又昂起头来。我禁不住地就从一只瓶口扬长地飞进去了。可是，到了瓶颈的半路，碰了玻璃之壁，又滑又腻的壁，费尽气力也爬不上去，真是苦了我，罢了罢了！

那胡子科学先生一天要跑来看几十次，看那瓶子里的黄汤仍是清清明明的，阳光把窗影射在上面，显得十二分可爱，他脸上现出一阵一阵的微笑。

这一着，他可把"自然发生说"的饭碗，完全打翻了。为的是我不得到里面去偷吃，那肉汤，无论什么汤，就不会坏，永远都不会坏了。

于是，他疯狂似的，携着几十瓶的肉汤，到处寻我，到巴黎的大街上，到乡村的田地上，到天文台屋顶的空房里，到黑暗的地窖里，到了瑞士，爬上阿尔卑斯山的最高峰去寻我。他发现空气愈稀薄，灰尘愈少，我也愈稀，愈难寻。

寻我也罢，我不怪他。只恨他又拿我去放在瓶子里烧。最恨他烧我又一定要烧到110℃以上，120℃以上，乃至170℃；用高压力来烧我，用干热来烧我，烧到了一个钟头还不肯止呢！

火，无情的火，是我最惨痛的回忆啊！

现在胡子先生虽已不见了，而我却被囚在这玻璃小塔里，历万劫而难逃，那塔顶的棉花网，就是他所想出的倒霉的法子。至于火的势力，哎哟！真是大大地蔓延起来了。

火，无情的火，实验室的火，医院的火，检疫处的火，到处都起了火了。果真能灭亡了我吗？那至多也不过像秦始皇焚书一般似的。

我的儿孙布满陆地、大海与天空。

毁灭了大地，毁灭了万物，才能毁灭我的菌群！

🌸 水国纪游 🌸

实验室的火要烧焦了我，快了。

渴望着水来救济，期待着水来浸洗，我真做了庄周所谓"涸辙之鲋"了。

无情的火处处致我灼伤，有情的水杯杯使我留恋。世间唯水最多情！这使中国的灾民听了，有些不同意吗？

"你看那滔天大水，使我们的田舍荡尽，水哪里还有情？！"

这是因为从大禹以来，中国就没有个能治水的人，顺着水性去治，把江河泛滥的问题，一劳永逸地解决了。

中国的古人曾经写成了一部《水经》，可惜我没有读过；但我料他一定把我这一门，水族里最繁盛的生物，遗漏了。我是深明水性的生物。

水，我似听见你不平的流声，我在昏睡中惊醒！

五月的东风，卷来了一层密密的黑云，遮满了太平洋的天空。

我听见黄河的吼声，扬子江的怒声，珠江的喊声，齐奔大海，击破那翻天的白浪。

这万千的水声，洪大，悲壮，激昂，打动了我微弱的胞心，鼓起了我疲惫的鞭毛。

水，我对于你，有遥久深远的感情，我原是水国的居民。

水，你是光荣的血露，神圣的流体！

耶稣基督据说也曾受过你的洗礼。

地面上的万物都要被你所冲洗。

水，我爱你的浊，也爱你的清。

清水里，氧气充足，我虽饿肚皮，却能延长寿命。

浊水里，有那丰富的有机物，供我尽情地受用。

气候暖，腐物多，我就很快地繁殖。

气候冷，腐物少，也能安然地度日。

气候热，腐物不足，我吃得太速，那生命就很短促了。

水，什么水？是雨水。把我从飞雾浮尘，带到了山洪，溪涧，河流，沟壑。浮尘愈多，大雨一过，下界的水愈遍满了我的行踪。

我记起了阿比西尼亚雨季的滂沱。法西斯头子墨索里尼纵使并吞了阿国，也消灭不了那滂沱，更止不住我从土壤冲进了江河。

雨季连绵下去，雨水已经澄清了天空，扫净了大地，低洼处的我，虽不会再加多，有时反而被那后降的纯洁的雨水逐散了，然而大江小河，这时已浩浩荡荡满载着我，这将给饮食不慎的人群以相当的不安啊！

水，什么水？是雪水。我曾听到胡子科学先生得意扬扬地说过，山巅的积雪里寻不见我。我当然不到那寂寞荒凉的高峰去过活，但将化未化的美雪，仍然是我冬眠的好地方。

雪花飞舞的时候，碰见了不少的灰尘，我又早已伏在灰尘身上了。瑞典的京城，地处寒带而多山，日常饮用的水，都取自高出海面160米的一个大湖。平时湖水还干净，阳春一发，雪块融化，拖泥带土而下，卫生当局派员来验，说一声"不好了！"我想，这又是因为我的活动吧！

水，什么水？是浅水，是山泽，池沼，及一切低地的蓄水。最深不到5尺，又那么静寂，不大流动。我偶尔随着垃圾堆进去，但那儿我是不大高兴住久的。那儿是蚊大爷的娘家，却未必是我的安乐窝。

尤其是在大夏天，太阳的烈焰照耀得我全身发昏。我最怕的是那太阳中的"紫外光"，残酷的杀菌者。深不到5尺的死水，真是使我叫苦，没处躲身了。5尺以外的深水才可以暂避它的光芒。最好上面还挡着一层污物，挡住那太阳！

我又不喜那带点酸味的山泽的水，从瀑布冲来了山林间的腐木烂叶，浸成了木酸叶酸，太含有刺激性了。

如果这些浅水里，含有水鸟鱼鳖的腥气，人粪兽污的臭味，那又是我所欢迎的了。

水，什么水？是江河的水。江河的水满载着我的粮船，也满载着我的家眷。印度的恒河就是一条著名的"霍乱"河；法国的罗尼河也曾是一条著名的"伤寒"河；德国的易北河又是一条历史的"霍乱"河；美国的伊利诺河又是一条过去的"伤寒"河。"霍乱"和"伤寒"，还有"痢疾"，是世界驰名的水疫，是由我的部下和人类暗斗而发生。这其间，自有一段恶因果，这里且按下不表。

中国的江河，自然也不退班。大的不说，单说上海那一条乌七八糟的苏州河，年年春天夏天的时候，我天天率着眷属在那河水里洗澡，你们自己没有觉察罢了。

有人说：江河的水能自清。这是诅咒我的话意。不是骂我早点饿死，就是讥笑我要在河里自杀。我不自尽江河的水怎么会清呢？

然而，在那样肥美的河肠江心里游来游去，好不快活，我又怎肯无端自杀，更何至于白白地饿死。

然而，毕竟河水是自清了。

美国芝加哥大学有一位白发斑斑的老教授，曾在那高高的讲台上说过：当他在三十许壮年的时候，初从巴黎游学回来，对于我极感兴趣，曾沿着伊利诺河的河边，检查我菌儿的行动。他在上游看见我是那样的神气，是那样的热闹，几乎每一滴河水里都围着一大群。到了下游，就渐渐地稀少了。到了欧地奥的桥边，我更没有精

神了。他当时心下细思量，这真奇怪，这河里的微生物是怎样地没落去呢？难道河水自己能杀菌吗？

河水于我，本有恩无仇。无奈河水里常常伏着两种坏东西，在威胁我的生存。它们也是微生物。我看它们是微生物界的捣乱分子，专门和我做对头。

一种比我大些儿，它们是动物界里的小弟弟。科学先生叫它们"原虫"，恭维它们做虫的"原始宗亲"。我看它们倒是污水烂泥里的流氓强盗。

最讨厌的是那鞭毛体的原虫。它的鞭毛，比我的又粗又大，也活动得厉害，只要那么一卷，便把我一口吞吃而消化了。

它的家庭建筑在我的坟墓上，我恨不恨！

一种比我还要小几千百倍，很自由地钻进我身子里，去胀破我那已经很紧的细胞，因此科学先生就唤它做"噬菌体"。你看它的名字就已明白是和我作对。它真是小鬼中的小鬼！

水，什么水？是湖水。静静的，平平的，明净如镜，树影蹲在那儿，白天为太阳哥拂尘，晚上给月姐儿洗面，没有船儿去搅它，没有风儿去动它，绝不起波纹。在这当儿，我也知道湖上没有什么好买卖，也就悄悄地沉到湖底归隐去了。

这时候，科学先生，在湖面寻不着我，在湖心也寻不出我，于是他又夸奖那停着不动的湖水有自清的能力呀。

可是，游人一至，游船一开，在酣歌醉舞中，瓜皮与果壳乱抛，在载言载笑间，鼻涕和痰花四溅，那湖水的情形又不同了。

水，什么水？是泉水，是自流井的水，是地心喷出来的水。那水才是清。那儿我是不易走得近的。那儿有无数的石子沙砾绊住我的鞭毛，牵着我的荚膜不放行。这一条是水国里最难通行的险路，有时我还冒着险前冲，但都半途落荒了。

水，什么水？是海水。这是又咸又苦著名的盐水。咸鱼、咸肉、咸蛋、咸菜，凡是咸过了七分的东西，我就有些不肯吃，最适

合我胃口的咸度，莫如血、泪、汗、尿，那些人身的水流，如今这海水是纯盐的苦水，我又怎样愿意喝？

不过，海底还是我的第一故乡，那儿有我的亲戚故旧，我曾受着海水几千万年的浸润。

现在虽飘游四方，偶尔回到老家，对于故乡的风味，虽然咸了些，也有些流连不忍即去吧。

我在水里有时会发光。所以在海上行船的人，在黑夜里，不时望见那一望无阻的海面，放出一闪一闪的磷光，那里面也夹着一星一星我的微光。

我自从别了雨水以来，一路上弯弯曲曲，看见了不少的风光人物：不忍看那残花落叶在水中荡漾，又好笑那一群喜鸭在鼓掌大唱，不忍听那灾民的叫爹叫娘，又叹息那诗人的投江！

> 五月的东风，
> 吹来一片乌云，
> 遮满太平洋的天空。
> 我到了大海，
> 观着江口河口的汹涌澎湃。
> 涌起了中国的怒潮！！
> 冲倒了对岸的狂流！
> 击破了那翻天的白浪！
> 洗清了人类的大恨！
> ……

看到这里，我想，那些大人们争权夺利的大厮杀，和我这微生物小子有什么相干呢？

呼吸道的探险

我在乡村的田园上，仍然过着颠沛流离的生活，处处靠着灰尘的提携。

那灰尘真像是我的航空母舰，上面载着不少的游伴。

这些游伴的分子也太复杂了。矿、植、动三大界都有，连我菌物也在内，一共是四色了。

矿物之界，有煤烟的炭灰，有火山的破片，有海浪的盐花，有陨星的碎粒，还有各式矿石的散沙，都随着大风而远扬。

植物之界，有花蕊、花球的纷飞；有棉絮、柳丝的飘舞；有种子、芽孢、苔藻、淀粉、麦片以及各式各样的植物细胞的乱奔狂突。

动物之界，有皮屑、毛发、鸟羽、蝉翼、虫卵、蛹壳以及动物身上一切破碎零星的组织的东颠西扑。

菌物之界，有一丝一丝的霉菌，有圆胖圆胖的酵母，在空中荡来荡去。最后就是我菌儿这一群了。

这是灰尘的大观。这之间以我族最为活跃。我在灰尘中，算是身子最轻，我活动的范围也最广了。

这些风尘仆仆中的杂色分子，又像是一群流浪儿，一群迷途的羔羊呵。

我紧牵着这一群流浪儿的手，在天空中奔逐，到处横冲直撞，不顾一切利害。

细菌世界历险记

THE ADVENTURE IN BACTERIAL WORLD

记得有一回，还是在洪荒时代吧，我正在黑夜的森林中飞游，忽然碰了一个响壁，原来是蝙蝠的鼻子。我在暗中摸索，堕进了它鼻孔的深渊，觉得很柔滑很温暖。但不久，被它强有力的呼吸一喷，就打了几个筋斗出来了。

后来，我冲进它的鼻孔里去的机会愈来愈多了。然而，它这一类动物，呼吸道的抵抗力颇强，颇不容易攻陷，它的"扁桃腺①"也发育得不大完全。

"扁桃腺"这东西是"淋巴组织"的结合，淋巴腺之一大种。在腭部有腭扁桃腺，在咽喉间有咽扁桃腺，在小脑上有小脑扁桃腺。如此之类的扁桃腺，自我闯入动物体内之后，都曾一一碰到了。

动物体内的"淋巴组织"是含有抵抗作用的。淋巴细胞也就是抗敌的细胞，是白血球之一种。所以淋巴这草黄色的流液，实富有排除外物的力量呀，我往往为它所驱逐而逃亡。

那么，扁桃腺就是淋巴组织最高的建筑物，就是动物身内抗菌的大堡垒了。当我初从鼻孔或口腔进到舌上喉间的时候，真是望之而生畏。

后来走熟了这两条路，看出了扁桃腺的破绽与弱点。原来它的里外虽有很多抗敌的细胞把守，而它的四周空隙深凹之处可真不少，那里的空气甚不流通，来来往往的食货污物又好在此地集中，留下不少的渣滓，反而成为我藏身避难的好所在了。

我就在这儿养精蓄锐，到了有机可乘时，一战而占领了扁桃腺，作为攻身的根据地了。于是那动物就发生了扁桃腺炎了。

这在人类就非常着急！认为扁桃腺在人身上有反动的阴谋，和盲肠是一流的下贱东西，无用而有害，非早点割弃它不可。

其实人身的扁桃腺及其他淋巴腺愈发达，尤其是呼吸道的淋巴腺愈发达，愈足以表现出人菌战争之烈。

①扁桃腺：扁桃体的旧称。文中类似的旧称还有"淋巴腺""白血球""红血球""矽肺"等，为呈现作品原貌，本书未作任何更改，望读者周知。

人若得胜，淋巴腺则是防菌的堡垒，我若得胜，这堡垒则变成为我的势力区了。

淋巴腺，在动物的进化过程中，还是比较新的东西。这是由于我的长期侵略，它们的积极抵抗，相持既久，它们体内就突然发生了这种防身的组织。

我生平对于冷血动物，素以冷眼看待，不似对于热血动物那般的热情，所以我在它们体内游历的时候，也没有见过有什么淋巴腺、扁桃腺之类的组织，这是因为我很少侵略它们的内部器官，我不过常拿它们的躯壳，当做过渡时期的驻屯所罢了。有时还利用它们作为我投奔高等动物身内的天梯或桥梁哩。这之间，就以昆虫之类最肯帮我的忙，尤以苍蝇、蚊子、臭虫、跳蚤、身虱、八角虱之流，这些人类所深恶的东西，更喜欢和我密切地合作，这是后话。不过，我如想从鼻孔进攻人兽之身，那还须靠灰尘的牵引。

我曾经游遍了普天下动物的身体，只见到鸟类和哺乳类才有淋巴腺、扁桃腺之类的抗敌组织，而以哺乳类的淋巴腺为最发达。到了人，这淋巴腺的交通网更繁密了。人原是可以得很多病的动物呵。淋巴腺在进化途中实是传染病的一种纪念碑呵。

高空的飞鸟绝不会得肺痨病，它们是常吸新鲜的空气，它们的呼吸道里我是不大容易驻足的，因此这条道上的淋巴腺也没有它们消化道的肠膜下的淋巴腺那样多。

肺痨病虽有鸟、牛、人之分，而关系鸟的部分受害者也只限于鸡鸭之群，人类篱下的囚徒罢了。于是它们呼吸道里的淋巴腺，是比飞鸟的增加了。

至于蝙蝠这夜游的动物，好在檐下或树林间盘旋飞舞，我自从那一回碰到了它的鼻子之后，就渐渐地熟悉它的呼吸道上的情形。我见它当初也没有什么扁桃腺，后来为了对付我而新添了这件隆起的东西。

由此可见我和动物的呼吸道发生了关系之后，扁桃腺及其他淋

巴腺所处地位的崇高而重要了。所以，我在这一章的自传里，特地先记述它们。它们的发生是由于我的刺激，我的行动又以它们为路碑，我和它们的关系是多么密切呵。

我冲进鸟兽和人的鼻孔的机会固然很多，虽然这也要看灰尘的多寡，鸟兽之群及人口的密度如何。

高阔的天空不如山林的草原，农村的广场不如都市的大街，公园不如戏院，贵人的公馆不如十几个人窝在黑暗一间的棚户。总之，人烟愈稠密，人群愈拥挤，我从空中到鼻子，从鼻子又到别的鼻子的机会也愈多了。

我在乡村的田园上飞游之时，生活过于空虚，颇为失意。于是，就趁着乡下人挑担上城的时候，我就附着在他的身上，到这浮尘的都市观光来了。在都市的热闹场所，我的生意极其兴隆。这儿不但有灰尘代我宣扬，还有痰花口沫的飞溅而助我传播了。

从此呼吸道上总少不了我的影子。这条入肺的孔道，我是走得烂熟了。它的门户又是永远开放的。

虽然，婴儿初离母胎的当儿，他的鼻孔和口腔以内，是绝对没有我的踪迹。但经过了数小时之后，我就从空气中一批一批地移民来此垦殖了。

我的移民政策是以呼吸道的形势与生理上的情形来决定的。要看那块地方，气候的寒暖如何，湿度如何，黏膜上有无隙缝深凹之处，氧气的供给是否太多，组织和分泌汁的反应是酸是碱抑或是中间性，细胞胞衣上的纤毛，它们的活动力是否太强烈了。须等到这些条件都适合于我的生活需要了，然后这曲折蜿蜒海岸线似的呼吸道，才有我立身插足之地呵！

此外，还有临时发生的事件，也足以助长我的势力。如食货和外物的停积，是加厚了我的食粮；如黏膜受伤而破裂，是便利了我的进攻，更有那不幸的矿工，整天呼吸着矽灰，他的肺瓣是硬化了，变成了矽肺，这矽肺是我所最喜盘踞的地方。我家里那个最不

怕干的孩子，人们叫它做"痨病菌"的，便是常在这矽肺上生长繁殖，于是科学先生就说，矽肺乃是肺痨病的一种前因。这是矿工受了工作环境的压迫，没有得到卫生的保障，人必先糟蹋了自己的身体，而后我才有机可乘，这不能专怪我的无情吧。

在十分柔滑而又崎岖不平的呼吸道上，我的行进有时是有如许的顺利，而有时又甚艰险了。因此，我这一群里，有的看呼吸道如"天府之国"，有久居之意；有的又把它当作牢狱似的，一进去就巴不得快快地出来；又有的则认为是临时的旅舍，可以来去无定。这样地，终主人的一生，他的呼吸道上，我的形影是从不会离开的。

这呼吸道又很像一条自由港，灰尘的船只可以随意抛锚。就我历次经验所知，这条曲曲折折的自由港又可分为里中外三大湾。

里湾以肺为界岸，出去就是支气管，而气管，而喉。中湾介于口腔与鼻洞之间，是呼吸道和食道的三岔路口，是入肺入胃必经的要隘，隆肿的扁桃腺就在这里出现，这一湾的地名就叫做"口咽"。"口咽"之上为"鼻咽"，那是外湾的起点了。"鼻咽"之前就是迂曲的鼻洞，分为两道直通于外。

迂曲的鼻洞，我是不大容易居留的，那里时有大风出入，鼻息如雷，有时鼻涕像瀑布一般滚滚而流，冲我出来了。所以在平时，鼻洞里的我大都是新从空气游来的，而且数目也较为不多。我本是风尘的游客，哪配久恋鼻乡呢？何况前面还有森严的鼻毛，挡住我的去路啊！

可是，鼻洞里的气候时时在转变着，寒暖无常，有时会使鼻禁松弛了，我也就不妨冒险一冲，到了鼻咽里来了。在鼻咽里，我是较易于活动，而能迅速地繁殖着。但，我的繁荣，究竟是受了当地食粮的限制，于是我不得不学成侵略者的手段了。这我也是为着生计所迫，而不能不和鼻咽以内的细胞组织斗争呵！

所以，到了鼻咽以后，我的性格就不似从前在空中时那样的浪漫与无聊，真变成泼辣勇猛多了。

由鼻咽到口咽，一路上准备着厮杀，准备着进攻。我望见那红光满目的扁桃腺，又瞥见那一开一合的大口，送进一闪一闪的光明，光明带来了许多新鲜的空气。我在这歧路上徘徊观望，逡巡不敢前进。久而久之，习惯使我胆壮，我就在口咽的上下，扁桃腺的四周埋伏，等候着乘机起事。所以在人身，我的菌众与种类，除了盲肠的左右以外，要算以咽喉之间为最多了。

我在呼吸道上进攻的目的地，当然是肺。

　　那儿有吃不尽的血粮，
　　那儿有最广阔的地场，
　　肺尖又脆肺瓣又弱，
　　我可以长期地繁殖着，
　　但我在未达到肺腑前，
　　要尝尽千辛万苦；
　　一越过了软骨的音带，
　　突然就遇着诸种危害：
　　四围的细胞会鼓起纤毛来扫荡我，
　　两旁的黏膜会流出黏液来牵绊我，
　　喷嚏，咳嗽，说话，与呼吸又来驱逐我，
　　沿途的淋巴腺满布着白血球突来捕捉我。

我真是无可奈何了。所以在天气好的日子，从咽喉到肺这一条深港是平静无事的，我就偶尔跌进里头去，也没敢多流连呀！

一旦云天变色，气候骤寒，呼吸道上忽然遇着冷风的袭击，我一得了情报，马上就在扁桃腺前，召集所有预伏的菌兵菌将，会师出发，往着肺门进攻。

当那时，全咽喉都震撼了。

吃血的经验

从血川到血河，一路上冲锋陷阵，小细胞和大细胞肉搏，鞭毛和伪足交战，经过无数次的恶斗，终于是我得胜了，占领了血河，而人得败血症病死了。

于是科学先生就板起面孔来，在实验室里，大骂我是穷凶极恶的暗杀党，谋害了宝贵的人命，他们一定要替人类复仇，发明新武器来歼灭我。

这不但于我的名声有损，而且连我在生物界的地位都动摇了。我在这一章里是要述明我的立场哩。

中国的古人不是说过吗："民以食为天"。我是生物界的公民之一，当然也以食为天，不能例外。

我的生活从来是很艰苦的。我曾在空中流浪过，水中浮沉过，曾冲过了崎岖不平的土壤，穿过了曲折蜿蜒的肚肠，也曾饿在沙漠上，也曾冻在冰雪上，也曾被无情之火烧，也曾被强烈之酸浸，在无数动植物身上借宿求食过，到了极度恐慌的时候，连铁、硫和碳之类的矿盐，也胡乱地拿来充饥，我虽屡受挫折，屡经忧患，仍是不断努力地求生，努力维护我种我族的生存，不屈服，不逗留，勇往直前。我无时无刻不在艰苦生活之中挣扎着。我的生活经验，可以算是比一般生物都丰富得多了。我这样地四方奔走，上下飘舞，都是为着吃的问题没有解决呀！

我想，牛物的吃，除了一般植物它们所吃是淡而无味的无机盐而外，其他的如动物界中的各分子及植物界中之有特别嗜好者，它们所吃，就尽是别的生物的细胞。它们不但要吃死去的细胞，还要吃活着的细胞。

吃人家的细胞以养活自己的细胞，这可以说是生物界中的一种惯例吧。于是各生物间攘争掠夺互相残杀的事件，层出不穷了。

我菌儿虽是最弱最小的生物，在生物界中似乎是居最末位的，但我对于吃的问题也不能放松！

我几乎是什么都吃的生物，最低贱的如阿米巴的胞浆，最高贵的如人类的血液，我都曾吃过。我虽是被列入植物界，但我所吃，所爱吃的，绝不像植物所吃的那样淡泊而没有内容。我的吃是复杂而兼普遍，我是最能适应环境的生物。

但是，我因感着外界的空虚、寂寞而荒凉，我的细胞时有焦干冻饿的恐慌，所以特别爱好在动物身上盘桓，尤其是哺乳类的动物，人和兽之群。他们的体温常是那么暖和，他们又能供给我以现成的食料。我在他们的身上，过惯了比较舒适的生活，就老不想离开他们的圈子了。于是我的大部分群众就在这圈子之内无限制地生长繁殖起来了。

人和兽之群，在我看去真是一座一座活动的肉山啊！

我初到人兽身上的时候，看见那肉山上森严地立着疏疏密密的森林似的毛发须眉，又看见散乱地堆着，重重叠叠的乱石似的皮屑。我就随便吃了这些皮屑过活，那时我的生活仍然是很清苦的。

后来我又发现肉山上有一个暗红的山洞，从那山洞进去，便是一个弯弯曲曲无底的深渊，那就是人兽的肚肠。肚肠是我的天堂，那儿有来来往往的食货。我就常常混在里面大吃而特吃。但不幸我在洞里又遇到了一种又酸又辣的液汁，我受不住它的浸洗。所以除了我那些走熟这一条路的孩子们以外，我的大部分的菌众都不能冲过去。这天堂仍是一个特殊阶级的天堂呵！

有一回，人的皮肤上忽像火山一般地爆裂了，流出热腾腾红殷殷的浓液。当时我很惊异这东西是从哪里来的呢？后来我在"肺港"里见惯了它，它的诱惑力激发了我的食欲和好奇心。我的细胞就往往情不自禁地跳进它的狂流之中去。我尝了它的美味，从此我对于人兽的身体就抱着很大的野心了。

我虽有吃活人活兽之血的野心，然而这并不是轻而易举的事，这也并不是我菌群中全体的欲望。这种侵略人兽的大举有些像帝国主义者的行为，虽然那不过是我族中少数有势有力的少壮细胞所干的事，帝国主义者侵略弱小民族也并不是他们国内全体人民的公意呀。所以你们不要因为我少数的"菌阀"的蛮干，使人类不安，而加罪于我的全体，连我一切有功的事业也都抹杀了。

人类本来都茫然不知道我在暗中的活动，我的黑幕都是给多疑的科学先生所揭穿的。他们老早就疑惑到我和人兽之血的恶关系了。于是他们就时常在人血兽血中寻找我的踪迹。因为在初生的婴孩，他的肠壁的黏膜，还不十分完整与坚实，他们想我到了那里，一定是很容易通行的。又因为在猪牛之类的肌肉和组织里，他们时常发现我。因此他们对于我是更加疑忌了。但是在健康之人的血液里，他们老寻不着我，罪证既不完全，他们就不能决定我会在活血里行凶呀。这是因为在平时血液的防卫很严密，我很不易攻入。我就是偶尔到了活血里面，不久也被血液里的守军杀退了。

血液是那样密密地被包在血管里，围在皮肤和黏膜之内，我要侵入血流中，必先攻陷皮肤和黏膜。所以在平时皮肤的每一角落，黏膜的每一处空隙，都满布着我的伏兵，我在那里静候着乘机起事哩。

皮肤和黏膜的面积虽甚广大，处处却都有重兵把守。皮肤是那样坚韧而油滑，没有伤口即不能随便穿过。眼睛的黏膜有眼泪时常在冲洗，眼泪有极强大的杀菌力量，就是把它稀释到四万分之一，我还不敢在那里停留。不这样，你们的眼睛将要天天在发红起肿

了。呼吸道的黏膜又有纤毛，会扫荡我出来。胃的黏膜，会流出那酸溜溜的胃汁，来溶化我。尿道和阴户的黏膜也有水流在冲洗，我也不能长久驻足。此外是鼻涕、痰和口津之类也都会杀害我。真是除了汗、尿，和人们不大看见的脑脊髓液而外，人和兽之群乃至于一切动物，乃至于有些植物，它们的体内，哪一种流液，哪一种组织，不在严防我的侵略，不有抵抗的力量呀！

至于血，当然了，那是高等动物所共有的最丰富的流体，它的自卫力量更是雄厚了。

血，据科学先生的报告，凡体重在150磅左右的人都有7升的血，昼夜不息，循环不已地在奔流着，在荡漾着，在汹涌澎湃着。血，它是略带碱性的流体，我在血水里闻到了"蛋白质""糖类"和"脂肪"的气味了；我见过了钠的盐、钙的盐的结晶体了；我尝到了"内分泌"和氧的滋味了。

在血的狂流中，我又碰到了各种各式的血球在跳跃着，在滚来滚去地流动着。

我最常遇到的是像车轮似的血球，带点青黄的颜色，它的直径只有7.5微米，它的体积只有2.5微米，它的胞内没有核心，它像一只一只的粮船，满载着蛋白质和脂肪，在我的身旁掠过。我看它那样又肥又美的胞体，我的饿火上冲了。我曾听科学先生说过，它的胞体里还有一种特殊的色料，叫做"血色素"，那是最珍奇的一种食宝。我远远地就闻见了动物的腥味，那就是从这血色素里所放出来的气味吧。我的少壮细胞爱吃人兽之血，目的也就在它的身上吧。

但我在血的狂流中，又遇到了一群没有色素的血球了。它们的胞体内却有了核心。那核心的形状又有好些种。有的核心是满大的，几乎占满了血球的全身；有的核心是肾形的，有的核心的形状是凹凸不平的。它们这一群都是我的老对头，我在血中探险的时候，常受着它们的包围与威胁，它们会伸出伪足来抓我。

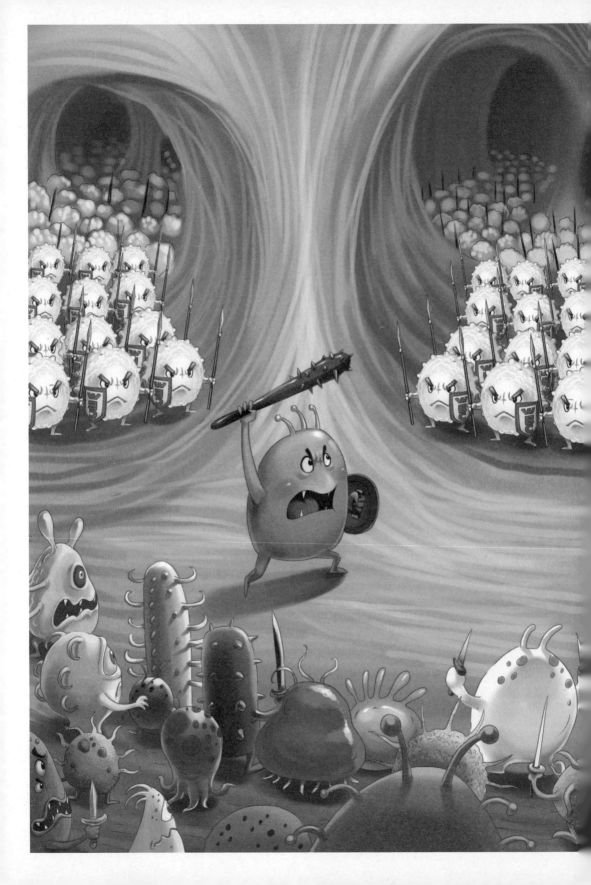

我又看到了一种卵形无色的小细胞，它有凝结血液的力量，我常被它绑住了。有人说它是白血球的分解体，叫它做"血小板"。

还有一种一半是蛋白质，一半是脂肪的有色的细粒，科学先生叫它做"血尘"，大约它们就是死去的红血球的后身吧。

此外，更奇怪的就是，我在血流中奔波的时候，我的细胞常中途而死，不知是中了谁的暗算，这我在后来才知道是所谓"抗体"之类无形的东西在和我作对呀。

血液是我所爱吃的，而血管的防卫是那么周密，红血球是我所爱吃的，而白血球的武力是那么可怕，每600粒红血球就有1粒白血球在巡逻着，保卫着它们！在这种情势之下，我有什么法子去抢它们来吃呢？我的经验指示我了：

第一要看天时。在天气转变的时候，人兽的身体骤然遇冷，他们皮肤和呼吸道的黏膜都瑟瑟缩缩地发抖起来，微血管里的血液突然退却，在这时候我的行军是较顺利的。或是外界的空气很潮湿，很温暖，我虽未攻入人体的内部，也能到处繁殖，所以在热带的区域，在人兽的皮肤上，常有疔疮疖子之类的东西出现，那都是我驻兵的营地呀。

第二要看地利。皮肤一旦受了刀伤枪伤而破裂，我就从这伤口冲入。有时人的皮肤偶为小小的针尖所刺，不知不觉地过了数小时之后，忽然作痛起来，一条红线沿着那作痛的地方上升，接着全身就发烧了，这就是我的先锋队已从这刺破的小孔进攻，而节节得胜了呀。

然而在抵抗力强盛的身体，这是不常有的事。在平时我一冲进皮肤或黏膜以内，血液就如风起潮涌一般狂奔而来，涌来了无数的白血球，把我围剿了。这就是动物身体发炎的现象，发炎是它们的一种伟大的抵抗力量呵！

但是在身体虚弱的人，他们的抵抗力是很薄弱的，发炎的力量不足以应付危机。于是我就迅速地在人身的组织里繁殖起来了，更

利用了血管的交通，顺着血水的奔流，冲到人身别的部分去了。有时千回百转的小肠大肠，会因食物的阻塞，外力的压迫，而突然破裂，那时伏在肠腔里的我就趁势冲进腹膜里去，又由淋巴腺而淋巴管辗转流到血的狂流中去。这是我由肠壁的黏膜而入于血的捷径。

我又有时在外物与腐体的掩护之下，攻入血中。我伏在外物或腐体里，白血球和其他的抗菌分子就不能直接和我作战了。例如在人类不知消毒的时代，产妇的死亡率很高，那就是因为我伏在产妇身上横行无忌的缘故。

第三要看我的群力。我的进攻人身的内部，必须利用菌众的力量。单靠着一粒一粒孤军无援的细胞作战，是不济事的。我必须用大队的兵马来进攻。例如人得伤寒之病，是因为他所吃的食物里，早就有我的菌众伏在那里繁殖了。

第四要看我的战术。我要攻入血管，有时须勾结蚊子、臭虫和身虱之类的吮血虫做我的先驱，做我的桥梁。

第五要看我的武器。我有时又当使用毒素之类凶险的武器。那毒素是屠杀动物细胞最厉害无比的利器。我常伏在人兽之身的一个小角落里施放这毒素。

总之不论用什么法子，从哪一个门户进攻，我的大队兵马一旦冲进了血管里面，占领了血河，在血的狂流中横冲直撞，战胜了白血球，压倒了抗体，解除了血液的武装，把一个一个红血球里的血色素尽量地吃光了，那个人的生命就不保了。

人死后，埋了拉倒，我可在那尸体里大餐大宴，那就是我的菌众庆功论赏的时候了。

不幸，近来殡仪馆的人，得到了消毒的秘诀，常把尸身浸在杀菌的药水里。又不幸，有些地方的民俗常用火葬，把尸体全烧成灰，那真是我的晦气。我不料在完全侵占了人身之后，竟同趋于灭亡，我就全军覆没了。这也许是人类的焦土政策吧！

肠腔里的会议

崎岖的食道，纷乱的肠腔，
我饱尝了"糖类"和"蛋白质"的滋味。
我看着我的孩子们，一群又一群，
齐来到幽门之内，开了一个盛大的会议，
有的鼓起芽孢，有的舞着鞭毛，
尽情地欢宴，
尽量地欢宴。
天晓得，乐极悲来，好事多磨，
突然伸来科学先生的怪手，
我又被囚入玻璃小塔了；
无情之火烧，毒辣之汁浇，
我的菌众一一都遭难了。
烧就烧，浇就浇，我是始终不屈服！
他的手段高，我的菌众多，我是永远不屈服！
这肠腔里的会议是值得纪念的。
这肠腔里的"菌才"是济济一堂的。

从寂寞婴儿的肠腔，变成热闹成人的肠腔，我的孩子们，先先后后来到此间的一共有八大群，我现在一群一群地介绍一下罢。

俨然以大肠的主人翁自居的"大肠杆菌";酸溜溜从乳峰之口奔下来的"乳酸杆菌";以不要现成的氧气为生存条件的"厌氧杆菌";这三群孩子我在前一章已经提出,这里不再啰唆了。其他的五大群呢?其他的五大群也曾在肠腔里兴旺过一时。

第四群,是"链球儿"那一房所出的,它的身子是那样圆圆的小球儿似的,有时成串,有时成双,有时单独地出现。科学先生看见它,吃了一惊,后来知道它在肚子里并不作怪,就给它起了一个绰号,叫做"吃屎链球菌"。链球菌这三字多么威风!这是承认它是肺港之役曾出过风头的"吃血链球菌"的小兄弟了。而今乃冠之以吃屎,是笑它的不中用,只配吃屎了。我这群可怜的孩子,是给科学先生所侮辱了。然而这倒可以反映出它在肠腔里的地位呵!

(笔记先生按:最近国民政府有一位姓朱的大将军,据说因为打补血针的时候不当心,血液中毒,得了败血症而死了。那闯进他的血管里面,屠杀他的血球的凶手,就是那著名的吃血链球菌呀!那吸血的"链球菌",它有时也曾被吞到肚子里去,不过,肚子里的环境是不容许它有什么暴动的,所以在肚子里它反不如它的小兄弟——吃屎链球菌那样的活跃。这在菌儿它是不好意思直说出来的啊。)

第五群,是"化腐杆儿"那一房所出的,它的小棒儿似的身体,蛮像"大肠杆菌",不过,它有时变为粗短,有时变为细长,因此科学先生称它做"变形杆菌"。它浑身都是鞭毛,因此它的行动极其迅速而活泼。它好在阴沟粪土里盘桓,一切不干净的空气,不漂亮的水,常有它的踪迹。它爱吃的尽是些腐肉烂尸及一切腐败的蛋白质,它真是腐体寄生物中的小霸工。它在哪儿发现,哪儿便有臭腐的嫌疑。它闻到了这肠腔里臭味冲天,料到这儿有不少腐烂的蛋白质在堆积着,因此它就混在剩余的肉汤菜渣里滚进来了。

在肠腔里,它虽能安静地干它化解腐物的工作,但它所化解出来的东西,往往含有一点儿毒质,而使肠膜的细胞感到不安。科学

先生疑它和胃肠炎的案件有关，因此它就屡次被捕了。如今这案件还在争讼不已，真是我这孩子的不幸。

第六群，是"芽孢杆儿"那一房所出。也是小棒儿似的样子，它的头上却长出一颗坚实的芽孢。它的性儿很耐，行动飞快。它的地盘也很大，乡村的土壤和城市的空气中，都寻得着它。它爱喝的是咸水，爱吃的是枯草烂叶。它也是有名的腐体寄生物，不过它的寄生多数都是植物的后身，因此科学先生称它做枯草杆菌。它大概是闻知了这肠腔里有青菜萝卜的气味，就紧抱着它的芽孢，而飘来这里借宿了。有那样坚实的芽孢，胃汁很难浸死它，它这一群冲进幽门的着实不少呵。在新鲜的粪汁里，科学先生常发现一大堆它的芽孢。它又常到实验室里去偷吃玻璃小塔中的食粮，因此实验室里的掌柜们都十分讨厌它。但因为它毕竟是和平柔顺的分子，在大人先生的肚子里并没有闹过乱子，科学先生待它也特别宽容，不常加以逮捕。这真是这吃素的孩子的大幸。

第七群，是"螺旋儿"那一房所出。它的态度有点不明，而使科学先生狐疑不定。它一被科学先生捉了去，就坚决地绝食以反抗，所以那玻璃小塔里，是很难养活它的。后来还亏东方木屐国有一位什么博士，用活肉活血来请它吃，它的真相乃得以大明。它的像螺丝钉一般的身儿，弯了一弯又一弯，真是在高等动物的温暖而肥美的血肉里娇养惯了，一旦被人家拖出来，才有那样的难养。大概我的孩子们过惯了人体舒适的生活的，都有这样古怪的脾气，而这脾气在螺旋儿这一群，是显得格外厉害的了。

虽然，我这螺旋儿，有时候因为寻不着适当的人体公寓，暂在昆虫小客栈里借宿，以昆虫为"中间宿主"。在形态上，在性格上本来已经有"原动物"的嫌疑的它，更有什么中间宿主这秘密的勾当，愈加使科学先生不肯相信它是我菌儿的后裔了。于是就有人居间调停了，叫它做"螺旋体"，说它是生物界的中立派，跨在动植物两界之间吧。这些都是科学先生的事，我何必去管。

　　我只晓得，它和我的其他各群孩子们过从很密。在口腔里，在牙龈上，在舌底下，我们都时常会见过。在肠腔里，我们也都在一块儿住，一块儿吃，它也服服帖帖的并不出奇生事。要等它溜进血川血河里，这才大显其身手，它原是血水的强盗。不过它还有一所秘密的巢窝，是人间所讳言的神秘之窟。其实，那有什么了不起呢？我一生成功的秘诀，就在生殖得快而且多呀！正因为人类的生殖器，多为庄严的礼教所软禁，迫得愚夫愚妇铤而走险，这才闹出花柳病的案子、花柳病的乱子了。于是人类生殖器便成为这螺旋儿的势力区了，不然，它也只好平心静气地伏在肠腔里养老呀。

　　第八群，是"酵儿"和"霉儿"。它们并不是我自己的孩子，而是我的大房二房兄弟所出的，算起来还是我的侄儿哩。它们都是制酒发酵的专家。不过它们也时常到人类肚子里来游历，所以在这肠腔里集会的时候，它也列席了。

　　那酵儿在我族里算是较大的个子，它那像小山芋似的胖胖的身儿是很容易认得的。它的老家是土壤，它常伏在马蜂、蜜蜂之类的昆虫的脚下飞游，有时被这些昆虫带到了葡萄之类的果皮上。它就在那儿繁殖起来，那葡萄就会变酸了，它也就是从这酸葡萄酸茶之类的食物滚进人山的口洞里来了。酒桶里没有它，酒就造不成，这在中国的古人早就知道了，不过看不出它是活生生的生物罢了。它的种类也很多，所造出来的酒也各不相同。法国的酒商曾为这事情闹到了胡子科学先生的面前。

　　那霉儿，它的身子像游丝似的，几个十几个细胞连在一起。它是无所不吃的生物，它的生殖力又极强，气候的寒热干湿它都能忍耐过去，尤其是在四五月之间毛毛雨的天气里，它最盛行了。因此它的地盘之大，我们的菌众都比不上它。它有强烈的酵素，它所到的地方，一切有机体的内部都会起变化，人类的衣服、家具、食品等的东西是给它毁损了。然而它的发酵作用并不完全有害，人类有许多工业都靠着它来维持哩。

关于这两群孩子的事实还很多，将来也要请笔记先生替它立传，我这里不过附带声明一声罢了。

以上所说的八大群的菌众，先后都赶到大肠里集会了。

"乳酸杆儿"是吃糖产酸那一房的代表。

"大肠杆儿"是在肠子里淘气的那一房的代表。

"厌氧杆儿"是讨厌氧气那一房的代表。

"吃屎链球儿"是球族那一房的代表。

"变形杆儿"是吃死肉那一房的代表。

"芽孢杆儿"是吃枯草烂叶那一房的代表。

"螺旋儿"是螺旋那一房的代表。

"酵儿"和"霉儿"是发酵造酒那两房的代表。

这八群虽然不足以代表大肠的全体菌众，但是它们是大肠里最活跃最显著最有势力的分子了。

在以前几章的自传里，我并没有谈到我自己的形态，在本章里我也只略略地提出。那是因为你们没有福气看到显微镜的大众，总没有机会会见我，我就是描写得非常精细，你们的脑袋里也不会得到深刻的印象呵。在这里，你们只需记得我的三种外表的轮廓就得了：就是球形、杆形和螺旋形三种呵。还有芽孢、荚膜、鞭毛也是我身上的特点，这里我也不必详细去谈它。

然而，我认为你们应当格外注意的，就是我在大肠里面是怎样的吃法，这是和你们的身体很有利害关系呵。我这八群的孩子，它们的食癖，总说起来可分为两大党派：一派是吃糖，糖就是碳水化合物的代表；一派是吃肉，肉是蛋白质的代表。

它们吃了糖就会使那糖发酵变酸。

它们吃了肉就会使那肉化腐变臭。

这酸与臭就是我的生理化学上的两大作用呀。

然而大肠里蛋白质与碳水化合物的分布是极不平均的。和尚尼姑的大肠里大约是糖多，阔佬富翁的大肠里大约是肉多。

糖多，我的爱吃糖的孩子们，如乳酸杆儿之群，就可以勃兴了。

肉多，我的爱吃肉的孩子们，如变形杆儿之群，就可以繁盛了。

乳酸杆儿勃兴的时候，是对你们大人先生的健康有益的，因为它吃了糖就会产出大量的酸。在酸汁浸润的肠腔里，吃肉的菌众是永远不会得志的，而且就是我那一群淘气的野孩子们，偶尔闯进来，也会立刻被酸所扫灭了。所以在乳酸杆儿极度繁荣的肠腔里，人山上是不会发生伤寒病之类的乱子。所以今天的科学医生常利用它来治疗伤寒。

伤寒的确是你们的极可怕的一种肠胃传染病，是我的一群凶恶的野孩子在作祟。这野孩子就是大肠杆儿那一房所出的。在烂鱼烂肉那些腐败的蛋白质的环境里，它就极容易发作起来。害人得痢疾的野孩子也是这一房所出的。害人得急性胃肠病的也是这一房所出的。它们都希望有大量的肉渣鱼屑，从胃的幽门运进来。还有霍乱那极淘气的孩子，也是这样的脾气。霍乱、痢疾、伤寒这三个难兄难弟和你们中国人是很有来往的，我不高兴去多谈它了。

就是这些野孩子不在肠腔里的时候，如果肠腔里的蛋白质堆积得过多，别的菌众也会因吃得过火，而使那些蛋白质化解成为毒质。

专会化解蛋白质成为毒质的，要算是著名的"腊肠毒杆儿"了，这杆儿是我的厌气那一房孩子所出的。这些厌气的孩子们，身上也都带着坚实的芽孢，既不怕热力的攻击，又不怕酸汁的浸润，很容易就给它溜进肠腔里来了。

那八大群的菌众是肠腔会议中经常出席的，这些淘气的野孩子们是偶尔进来列席旁听的。我们所讨论的议案是什么？那是要严守秘密的呵！

不幸这些秘密都被胡子科学先生的徒子徒孙们一点一点地查出来了。于是这八大群的孩子们，淘气的野孩子们以及其他的菌众一个个都锒铛锒铛地入狱，被拘留在玻璃小塔里面了。

这在科学先生是要研究出对付我们的圆满的办法呵。

🌸 清除腐物 🌸

真想不到，我现在竟在这里，受实验室的活罪。
科学的刑具架在我的身上，
显微镜的怪光照得我浑身通亮；
蒸锅里的热气烫得我发昏，
毒辣的药汁使我的细胞起了溃伤；
亮晶晶的玻璃小塔里虽有新鲜的食粮，
那终究要变成我生命的屠宰场。
从冰箱到暖室，从暖室又被送进冰箱，
三天一审，五天一问，
侦查出我在外界怎样地活动，
揭发了我在人间行凶的真相。
于是科学先生指天画地地公布我的罪状，
口口声声大骂我这微生物太荒唐，
自私的人类，都在诅咒我的灭亡，
一提起我的怪名，
他们不是怨天，就是"尤人"（这人是指我）！

怨天就是说："天既生人，为什么又生出这鬼鬼祟祟的细菌，暗地里在谋害人命？"

　　"尤人"就说："细菌这可恶的小东西，和我们势不两立，恨不得将天下的细菌一网打尽！"

　　这些近视眼的科学先生，和盲目的人类大众，都以为我的生存是专跟他们作对似的，其实我哪里有这等疯狂？

　　他们抽出片断的事实，抹杀了我全部的本相。

　　我真有冤难申，我微弱的呼声打不进大人先生的耳门。

　　现在亏了有这位笔记先生，自愿替我立传，我乃得向全世界的人民将我的苦衷宣扬。

　　我菌儿真的和人类势不两立吗？这一问未免使我的小胞心有点辛酸！

　　天哪！我哪里有这样的狠心肠，人类对我竟生出这样严重的恶感。

　　在生存竞争的过程中，哪个生物没有越轨的举动？人类不也在宰鸡杀羊，折花砍木，残杀了无数动物的生命，伤害了无数植物的健康。

　　而今那些传染病暴发的事件，也不过是我那一群号称"毒菌"的野孩子们，偶尔为着争食而突起的暴动罢了。

　　正和人群中之有帝国主义者，兽群中之有猛虎毒蛇类似，我菌群中也有了这狠毒的病菌。它们都是横暴的侵略者，残酷的杀戮者，阴险的集体安全的破坏者，真是丢尽了生物界的面子！闹得地球不太平！

　　我那一群野孩子们粗暴的行为虽时常使人类陷入深沉的苦痛，这毕竟是我族中少数不良分子的丑行，败坏了我的名声。老实说这并不是我完全的罪过呵！我菌众并不都是这么凶呀！

　　我那长年流落的生活，踏遍了现在世界一切污浊的地方，在臭秽中求生存，在潮湿处传子孙，与卑贱下流的东西为伍，忍受着那冬天的冰雪，被困于那燥热的太阳，无非是要执行我在宇宙间的神圣职务。

　　我本是土壤里的劳动者，大地上的清道夫，我除污秽，解固体，变废物为有用。

　　有人说：我也就是废物的一分子，那真是他的大错，他对于事实的蒙昧了。

　　我飞来飘去，虽常和腐肉烂尸枯草朽木之类混居杂处，但我并不同流合污，不做废物的傀儡，而是它们的主宰，我是负有清除它们的使命呵！

　　喂！自命不凡的人类呵！不要藐视了我这低级的使命吧！这世界是集体经营的世界！不是上帝或任何独裁者所能一手包办的！地球的繁荣是靠着我们全体生物界的努力！我们无贵无贱的都要共同合作的呵！

　　在生物界的分工合作中，我菌儿微弱的单细胞所尽的薄力，虽只有看不见的一点一滴，然而我集合无限量的菌众，挥起伟大的团结力量，也能移山倒海，也能呼风唤雨呀！

　　　　我移的是土壤之山，
　　　　我倒的是废物之海，
　　　　我呼的是酵素之风，
　　　　我唤的是氮气之雨。

　　我悄悄地伏在土壤里工作，已经历过数不清的年头了。我化解了废物，充实了土壤的内容，植物不断地向它榨取原料，而它仍能源源地供给不竭，这还不是我的功绩吗？

　　我怎样地化解废物呢？

　　我有发酵的本领，我有分解蛋白质的技能，我又有溶解脂肪的特长呵。

　　在自然界的演变途中，旧的不断地在毁灭，新的不断地从毁灭的余烬中诞生。

我的命运也是这样。

我的细胞不断地在毁灭与产生，我是需要向环境索取原料的。这些原料大都是别人家细胞的尸体。人家的细胞虽死，它内容的滋养成分不灭，我深明这一点。但我不能将那死气沉沉的内容，不折不扣地照原样全盘收纳进去。我必须将它的顽固的内容拆散，像拆散一座破旧的高楼，用那残砖断瓦，破栋旧梁，重新改建好几所平房似的。

因此，我在自然界里面，有一大部分的职务，便是整天整夜地坐在生物的尸身上，干那拆散旧细胞的工作。

虽然有时我的孩子们因吃得过火，连那附近的活生生的细胞都侵犯了。这是它们的唐突，这也许就是我菌儿所以开罪于人类的原因吧！

那些已死去的生物的细胞，多少总还含点蛋白质、糖类、脂肪、水、无机盐和活力素等六种成分吧。

这六种成分，我的小小而孤单的细胞里面，也都需要着，一种也不能缺少。

这六种中间，以水和活力素最容易消失，也最容易吸收，其次就是无机盐，它的分量本来就不多，也不难穿过我的细胞膜。只有那些结构复杂而又坚实的蛋白质、糖类和脂肪等，我才费尽了力气，将它们一点一点地软化下去，一丝一丝地分解出来，变成了简单的物体，然后才能引渡它们过来，作为我新细胞建设与发展的材料了。

是蛋白质吧，它的名目很多，性质各异，我就统统要使它一步一步地返本归元，最后都化成了氨、一氧化氮、硝酸盐、氮、硫化氢、甲烷，乃至于二氧化碳及水，如此之类最简单的化学品了。

这种工作，有个专门名词，叫做"化腐作用"，把已经没有生命的腐败的蛋白质，化解走了。这时候往往有一阵怪难闻的气味，冲进旁观的人的鼻孔里去。

于是那旁观的人就说："这东西臭了，坏了！"

那正是我化解腐物的工作最有成绩的当儿呵！担任这种工作的主角，都是我那一群"厌气"的孩子们。它们无须氧的帮忙，就在黑暗潮湿的角落里，腐物堆积的地方，大肆活动起来！

是糖类吧，它的式样也有种种，结构也各不同，从生硬的纤维素，顽固的淀粉到较为轻松的乳糖、葡萄糖之类，我也得按部就班地逐渐把它们解放了，变成了酪酸、乳酸、醋酸、蚁酸、二氧化碳及水之类的起码货色了。

是脂肪吧，我就得把它化成甘油和脂酸之类的初级分子了。

蛋白质、糖类和脂肪，这许多复杂的有机物，都是以碳为中心。碳在这里实在是各种化学元素大团结的枢纽。我现在要打散这个大团结，使各元素从碳的连锁中解放出来，重新组织适合于我细胞所需要的小型有机物，这种分解的工作，能使地球上一切腐败的东西，都现出原形，归还了土壤，使土壤的原料无缺。

我生生世世，子子孙孙，都在这方面不断努力着，我所得的酬劳，也只是延续了我种我族的生命而已。而今，我的野孩子们不幸有越轨的举动，竟招惹人类永久的仇恨！我真抱憾无穷了。

然而有人又要非难我了，说："腐物的化解，也许是'氧化'作用吧！你这小东西连一粒灰尘都抬不起，有什么能力，用什么工具，竟敢冒称这大地上清除腐物的成绩都是你的功劳呢？"这问题19世纪的科学先生，曾闹过一番热烈的论战。

在这里最能了解我的，还是那我素来所憎恨的胡子先生。他花了许多年的工夫，埋头苦干地在试验，结果他完全证实了发酵和化腐的过程，并不是什么氧化作用。没有我这一群微生物在活动，发酵是永远发不成功的呵！

我有什么特殊的能力呢？

我的细胞里面有一件微妙的法宝。

这法宝，科学先生叫它做"酵素"，中文的译名有时又叫做

"酶"，大约这东西总有点酒或醋的气息吧！

这法宝，研究生理化学的人，早就知道它的存在了。可惜他们只看出它的活动的影响，看不清它的内容的结构，我的纯粹酵素人们始终不能把它分离出来。

因此多疑的科学先生又说它有两种了：一种是有生机的酵素，一种是无生机的酵素。

那无生机的酵素，是指"蛋白酵""淀粉酵"之类那些高等动植物身上所有的分泌物。它们无须活细胞在旁监视，也能促进化解腐物的工作。因此科学先生就认为它们是没有生机的酵素了。

那有生机的酵素，就是指我的细胞里面所存的这微妙的法宝。在酒桶里，在醋瓮里，在腌菜的锅子里，胡子的门徒们观察了我的工作成绩，以为这是我的新陈代谢的作用，以为我这发酵的功能是我细胞全部活动的结果，因而以为我菌儿的本身就是一种有生机的酵素了。

我在生理化学的实验室里听到了这些理论，心里怪难受的。

酵素就是酵素，有什么有生的和无生的可分呢。我的酵素也可以从我的细胞内部榨取出来，那榨取出来的东西，和其他动植物体内的酵素原是一类的东西。是酵素总是细胞的产物吧。虽是细胞的产物，它却都能离开细胞而自由活动。它的行为有点像化学界的媒婆，它的光顾能促成各种化学分子加速度地结合或分离，而它自己的内容并不起什么变化。

在化学反应的过程中，这酵素永远是站在第三者的地位，保持着自己的本来面目。

然而它却不守中立，没有它的参加，化学物质各分子间的关系，不会那样的紧张，不会引起很快的突变，它算是有激动化学的变化之功了。

没有酵素在活动，全生物界的进展就要停滞了。尤其是苦了我！它是我随身的法宝。失去它，我的一切工作都不能进行了。

虽然，我也只觉着它有这神妙的作用。我有了它，就像人类有了双手和大脑，任何艰苦的生活，都可以积极地去克服。有了它，蛋白质碰到我就要松，糖类碰到我就要分散，脂肪碰到我就要溶解，都成为很简单的化学品了。有了它，我又能将这些简单的化学品综合起来，成为我自己的胞浆，完成了我的新陈代谢工作，实践了我清除腐物的使命。

这样一说，酵素这法宝真是神通广大了。它的内容结构究竟是怎样呢？

这问题，真使科学先生费煞苦心了。

有的说：酵素的本身就是一种蛋白质。

有的说：这是所提取的酵素不纯净，它的身体是被蛋白质所玷污了，它才有蛋白质的嫌疑呀！

又有的说：酵素是一个活动体，拖着一只胶性的尾巴，由于那胶性尾巴的勾结，那活动体才得以发挥它固有的力量呵！

还有的说：酵素的活动是一种电的作用。譬如我吧，我之所以能化解腐物，是由于以我的细胞为中心的"电场"，激动了那腐物基质中的各化学分子，使它们阴阳颠倒，而使它们内部的结构发生变动了。

这真是越说越玄妙了！

本来，清除腐物是一个浩大无比的工程。腐物是五光十色无所不包，因而酵素的性质也就复杂而繁多了。

每一种蛋白质，每一种糖类，每一种脂肪，甚而至于每一种有机物，都需要特殊的酵素来分解。属于水解作用的，有水解的酵素；属于氧化作用的，有氧化的酵素；属于复位作用的，有复位的酵素。举也举不尽了。

这些错综复杂的酵素，自然不是我那一颗孤单的细胞所能兼收并蓄的。这清除腐物的责任，更非我全体菌众团结一致地担负起来不可！

　　酵素的能力虽大，它的活动却也受了环境的限制。环境中有种种势力都足以阻挠它的工作，甚至于破坏它的完整。

　　环境的温度就是一种主要的势力。在低温度里，它的工作甚为迟缓，温度一高过70℃，它就很快地感受到威胁而停顿了。由35℃到50℃之间，是它最活跃的时候。虽然，我有一种分解蛋白质的酵素，能短期地经过沸点热力的攻击而不灭，那是酵素中最顽强的一员了。

　　此外，我的酵素，也怕阳光的照耀，尤其怕阳光中的紫外线，也怕电流的振荡，也怕强酸的浸润，也怕汞、镍、钴、锌、银、金之类的重金属的盐的侵害，也怕……

　　我不厌其烦地叙述酵素的情形，因为它是生物界一大特色，是消化与抵抗作用的武器，是细胞生命的靠山，尤其是我清除腐物的巧妙的工具。

<blockquote>
我的一呼一吸一吞一吐，

都靠着那在活动的酵素，

那永远不可磨灭的酵素。

然而，在人类的眼中，它又有反动的嫌疑了。

那溶化病人的血球的溶血素，不也是一种酵素么？

那麻木人类神经的毒素，不也是酵素的产物么？

这固然是酵素的变相，我那一群野孩子是吃得过火，

请莫过于仇恨我，这不是我全体的罪过。

您不见我清除腐物的成绩吗？

我还有变更土壤的功业呢！

这地球的繁荣还少不了我，

我的灭绝将带给全生物界以难言的苦恼，

是绝望的苦恼！
</blockquote>

土壤革命

土壤，广大的土壤，是我的祖国，是我的家乡，

我从不知道时候的时候起，就把生命隐藏在它的怀中，

我在那儿繁殖，我在那儿不停地工作，

那儿有我永久吃不尽的食粮。

有时我吃完了人兽的尸肉，就伴着那残余的枯骨长眠；

有时我沾湿了农夫的血汗，就舞起鞭毛在地面上游行。

在神农氏没有教老百姓耕种的时候，

我就已经伏在土中制造植物的食料。

有我在，荒芜的土地可变成富饶的田园；

失去我，满地的绿意，一转眼，都要满目凄凉。

蒙古的沙漠，一片枯黄，

就因为那儿，我没有立足的地方。

在有内容的泥土里，我不曾虚度一刻的时辰，

都为着植物的繁荣，为着自然界的复兴。

有时我随着沙尘而飞扬，叹身世的飘零；

有时我踏着落叶，乘着雨点而下沉；

有时我从肚肠溜出，混在粪中，颠沛流离；

经过曲曲折折的路途，也都回到土壤会齐。

我在地球上虽是行踪无定，

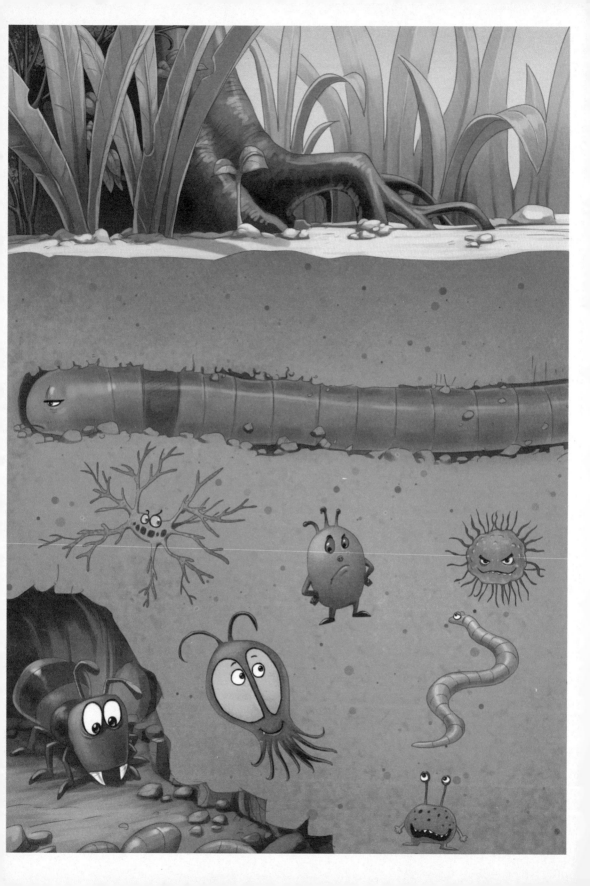

我在土壤里却负有变更土壤的使命。

变更土壤就是一种革命的工作，

是破坏和建设兼程并进的工作。

这革命的主力虽是我的活动，

也还有不少其他杂色的党员。

土壤，广大的土壤，原是微生物的王国，

并且，是微生物的联邦。

有小动物之邦，有小植物之邦。

在小动物之邦里，有我所痛恨的原虫，有我所讨厌的线虫，有我所望而生畏的昆虫。

在小植物之邦里，有我所不敢高攀的苔藓，有我所引为同志的酵霉，有我所情投意合的放线菌。

这些形形色色的分子，有些是反动，有些是前进。

看哪！那原虫，我在人山上旅行的时候，已经屡次碰见过了。在肚肠里，酿成一种痢疾的祸变的，不是变形虫的家属吗？在血液里，闹出黑热病的乱子的，不是鞭毛虫的亲族吗？变形虫和鞭毛虫都是顶凶顶狠毒的原虫。它们和我的那一群不安分的野孩子的胡闹，似乎是连成一气的。

它们不但在谋害高贵的人命，连我微弱的胞体也要欺凌。我正在土壤里工作的时候，老远就望见它们了。那耀武扬威的伪足，那神气十足的粗毛，汹汹然而来，好不威风。只恨我，受了环境的限制，行动不自由，尽力爬了24小时，爬不到一英寸，哪里回避得及，就遭它们的毒手了。

这些可恶的原虫儿们所盘伏的地层，也就是我所盘伏的地层。在每一克重的土块里，它们的群众，有时多至100万以上，少的也有好几百，其中以鞭毛虫最占多数。它们的存在，给我族的生命以莫大的威胁。它们真是我的死对头。

看哪！那线虫，也是一种阴险而凶恶的虫族，其中以吸血的钩虫为尤凶。它借土壤的潜伏所，不时向人类进攻。中国的农民受它的残害者，真不知有多少。它真是田间的大患。这本与我无干，我在这里提一声，免得你们又来错怪我土壤里的孩子们了。

看哪！那昆虫，如蚯蚓蚂蚁之徒，是土壤联邦显要的居民。它们的块头颇大，面目狰狞，有些可怕，钻来钻去，骚扰地方，又有些讨厌。不过，它们所走过的区域，土壤为之松软，倒使我的工作顺利。我又有时吃腻了大动物的血肉，常拿它们的尸体来换换口味，也可以解解土中生活的闷气。

这些土壤里的小动物们的举动，在我们土壤革命者的眼中，要算是落后，而且有些反动的嫌疑。

土壤里小植物之邦的公民，就比较地先进了。

虽然那苔藓之群，它们的群众密布在土壤的上层，它们有娇滴滴的胞体，绿油油的色素，能直接吸收太阳的光力，制造自己的食粮。然而它们对于土壤的革命，有什么贡献呢？恐怕也只是一种太平的点缀品，是土壤肥沃的表征吧。它们可以说是土壤国的少爷小姐，过着闲适的生活了。

土壤里真正的劳动者，算起来都是我的同宗。酵儿和霉儿就是那里面很活跃的两群。

酵儿在普通的土壤里还不多见，但在酸性的土壤里，在果园里，在葡萄园里，我常遇着它们。没有它们的工作，已经抛弃在地上的果皮花叶，一切果树的残余，怎么会化除完尽呢？

霉儿能过着极简单的生活，在各样各式的土壤里我都遇到它。它这一房所出的角色真不算少：最常见的，有"头状菌"，有"根足菌"，有"麴菌"，有"笔头菌"，有"念珠状菌"，这些怪名都是描写它们的形态。它们在土中，能分解蛋白质为氨，能拆散极坚固的纤维素。酸性的土壤，是我所不乐居的，它们居然也能在那儿蔓延，真是做到我所不能做的革命工作了。

　　和我的生活更接近的，要算是放线菌那族了。它们那柳丝似的胞体，一条条分枝，一枝枝散开。它们的祖先什么时候和我菌儿分家，变成现在的样子，如今是渺渺茫茫无从查考了。但在土壤里，它仍同我在一起过活，然而它的生存条件，似乎比我严格点，土壤深到了30英寸，它就渐渐无生望，终至于绝迹了。它在土壤最大的任务，是专分解纤维素的，它似乎又有推动氧化其他有机物之功哩。

　　最后，我该谈到我自己了，我在土壤联邦里，虽是个子最小，年纪最轻，而我的种类却最繁，菌众却最多，革命的力量也最伟大。

　　我的菌众，差不多每一房每一系，都是在土壤里起家。所以在那儿，还有不少球儿、杆儿、螺儿的后代；也有不少硝菌、硫菌、铁菌的遗族。真是济济一堂。

　　我的菌众估计起来，每一克重的土块，竟有300万至2亿之多。虽然，这也要看入土的深浅，离开地面2英寸至9英寸之深，我的菌数最多。以后入土越深，我也就越稀少了。深过了4英尺，我也要绝迹。然而，在质地轻松的土壤里，我可以长驱直入达到10英尺以内，还有我的部队在垦殖哩。

　　有这么多的菌群，在那么大那么深的土壤盘踞着，繁殖着，无怪乎我声势的浩大，群力的雄厚，我的微生物同辈都赶不上了。

　　我们这一大群一大群土壤联邦的公民，大多数都是革命的工作者。

　　土壤革命的工作，需要彻底的破坏也需要基本的建设，因而我们这些公民，又可分为两大派别。

　　第一派是"营养自给派"，是建设者之群。它们靠着自身的本事，有的能将无机的元素，如硫、氢之类，有的能将无机的化合物，如氨、二氧化氮、硫化氢之类，有的能将简单的碳化物，如一氧化碳、甲烷之类，都氧化起来，变成植物大众的食粮；又有的能直接吸收空气中的二氧化碳，以补充自己。

在建设工作进行中，这派所用的技术又分两种。有的用化学综合的技术，如硝菌、硫菌、氢菌、甲烷菌、铁菌等，我的这些出色的孩子们，就是这样一群的技术能手。看它们的名称就可知道它们的行动了。

有的用光学综合的技术，那满身都是叶绿素的苔藓，就是这一类的技术能手。

然而，没有破坏者之群做它们的先驱，预备好土中的原料，它们也有绝食之忧呵。

第二派是"营养他给派"，那就是土壤的破坏者之群了。它们没有直接利用无机物的本领，只好将别人家现成的有机物，慢慢地侵蚀，慢慢地分解，变成了简单的食粮，一部分饱了自己的细胞，其余的都送还土壤了。

然而有时它们的破坏工作是有些过激了，连那活生生的细胞也要加害，这事情就弄糟了。生物界的纠纷，都是由此而兴，而互相残杀的惨变层出不穷了。我所痛恨的原虫就是这样残酷的一群。

至于我菌儿，虽也是这一派的中坚分子，但我和我的同志们（指酵儿、霉儿及放线菌等），所干的破坏工作，是有意识地破坏，是化解死物地破坏，是纯粹为了土壤的革命而破坏。

土壤的革命日夜不停地在酝酿着，我们的工作也一刻没有休息过。然而这浩大无比的工程，是需要全体土壤公民的分工合作。破坏了而又建设，建设了而又破坏，究竟是谁先谁后，如今是千头万绪，分也分不清了。

总之，没有营养他给派的破坏，营养自给派也无从建设；没有营养自给派的建设，营养他给派也无所破坏。这两派里，都有我的菌众参加，我在生物界地位的重要是绝对不可抹杀的事实。而今近视眼的科学先生和盲目的人类大众，若只因一时的气愤，为了我的那些少数不良分子的蛮动，而诅咒我的灭亡，那真是冤屈了我在土壤里的苦心经营。

经济关系

我正伏在土壤里面，日夜不停地在做工，忽然望见一片乌云，遮满了中国古城的天空。顷刻间，狂风暴雨大作，冲来了一阵火药的气味，几乎使我的细胞窒息。我鼓起鞭毛东张西望，但见平津一带炮火连天，尸血满地！

这又将加重了我清除腐物烂尸的负担了。

这人类的自相残杀，本与我无干，何必我多嘴。

然而不幸战事倘若延长下去，就有这样黑心眼的人要想利用细菌战了。这几年来，细菌战的声浪，不是也随着大战的呼声而高扬吗？

奇异而又不足奇异的是细菌战。那是说，他们要请出我那一群蛮狠凶顽的野孩子，人们所痛恨的病菌，来助战了，使我菌儿也卷入战争的漩涡了。这如何不引起我的特别注意呀！

本来，我的野孩子们平日都在和人作战。战争一发，更造成了它们攻人的机会。它们自然就会闻风赶到了。

我想到这里，不禁打了一个寒噤，我的荚膜和鞭毛都战战栗栗抖动起来了。

将来战事一旦结束，人类触目伤心，能不怪我的无情吗？在平时，我本有传染病的罪名，在战时，我又加上帮凶的暴行呀！他们要更加痛恨我了。

呵呵！我的这些孩子们，真是害群之马，由于它们的猖獗，使

人类大众莫不谈"菌"色变，使许多人犹认为"细菌"二字是多么不祥而可怕的名词。这真是我菌儿的大耻呵。

老实说，我的大部分群众，不像资本家，靠着榨取而生存；不像帝国主义者，靠着侵略而生存；不像病菌，靠着传染病而生存。我的大部分群众都是善良的细菌，生物界最忠实的劳动者，靠着自身劳动所得而生存。

我在土壤革命的过程中，经常地担任了几部门最重要的工作。这在前章已经述过了。

在土壤里，我不但会分解腐物以充实土壤的内容，我还会直接和豆科之类的植物合作哩。

在豆根的尖头，我轻轻地爬上它弯弯的根须，我爬进了豆根的内质，飞快地繁殖起来，由内层复蔓延到外层，使豆根肿胀了，长出一粒一粒的瘤子。这就是"豆根瘤"的现象。

这样地，我和豆根的细胞，取得密切联络，实行同居了。隐藏在豆根瘤里面的我的群众，都是技术能手。它们都会吸收空气中的氮，把它变成了硝酸盐，送给豆细胞，作为营养的礼物，而同时也接收了豆细胞送给它们的赠品，大量的糖类。

这真是生物界共存共荣的好榜样，一丝儿也没有侵略者的虚伪的气息。

种植豆科植物，可以增进土壤的肥沃，这在中国古代的农民，老早就知道了。可惜几千年以来，吃豆的人们，始终没有看见过我的活动呀。

直到了1888年，有一位荷兰国的科学先生出来，仗义执言，由于他研究的结果，这才把我在土壤里的这个特殊功绩，表扬了一下。

这是在农业经济上，我对于人类的贡献。

在工业方面，我和人类发生了更密切的经济关系。

人类的工业，最重要的莫过于衣食两项，在这衣食两项，我却都尽了最大的努力，努力生产。

我原是自然界最伟大的生产力。

宇宙是我的地基，地球是我的厂屋，酵素是我唯一神妙的机器。一切无机和有机的物体都是我的好原料。

我的菌众都在共同劳动，共同生产，所造成的东西，也都涓滴归公，成为生物界的共有物了。

不料，野心的人类，却想独占，将我的生产集中，据为私有。

在显微镜没有发明以前的时代，他们虽没有知道我的存在，却早已发现了我的劳动果实。他们凭着暗中摸索所得的经验，也知道了在人工的环境里面，安排好了必需的原料，也就能产出我的劳动果实来了。

这在当初他们就认为是自然而然的事。到了化学昌明时代，又认为这是化学变化的事。谁也想不到这乃是微生物的事呀！

他们所采选的原料，也就是我的天然食料，我的菌众老早就预伏在那里面了。并且在人工的环境都适合了我生存的条件时，我也飘飘然地不请自来了。

我不声不响地在那儿工作着，造成了大量的生产品。他们却以为是他们自己的创造与发明。

于是传之子孙，守为家传秘法。我的劳动果实，居然被这些无耻的商人，占为专利品了。

从酒说起吧，酒就是我的劳动果实之一。我的亲属们多数都有造酒的天才，尤其是酵儿和霉儿那两房。米麦之类的糖类，各式各样的糖和水果，一经它们的光顾，就都带点酒味了。不过，有的酒味之中，还带点酸，带点苦，或带点臭。这显然表示，在自然界中，有不少杂色的劳动分子，在参加酒的生产呀！这些造酒的小技师们，各有不同的个性，不同的酵素，它们所受用的原料，又多不同，因而天下的酒，那气味的复杂，也就很可观了。

这是酒在自然界中的现象。

天晓得，传说中，是在大禹时代吧，就有了这么一位聪明的

古人，叫做仪狄的，偶尔尝到了一种似乎是酒的酒味，觉着香甜可口，就想出法子，自己动手来造了，从此中国人就都有了酒喝。

西方的国家，也有他们造酒的故事。

于是，什么葡萄酒呀，啤酒呀，白兰地呀，连同绍兴老酒，五加皮等都算在一起，酒的花样真是越来越多了。

酒也是随着生产手段的变化而变化的吧！然而在这生产手段中，我却不能缺席。

在自然界，酒是我的手工业，我的自由职业，我是造酒的生产力。在人类的掌握中，酒是我的强迫职务，我成为造酒的奴隶，造酒的机器了。

奇异而又不足为奇的是，人类造酒的历史已经有几千年了。他们也从不知道有我在活动。

这黑幕终于是揭穿了，那又是胡子科学先生的功业。他在显微镜上早已侦察好我的行踪了。

有一回，他特制了几十瓶精美的糖汁果液，打开玻璃小塔之门，招请我入内欢宴，结果我所亲到过的地方，一瓶一瓶都有了酒意了。

于是他就点头微笑地说："乖乖，微生物这小子果然好本领，发酵的工程，都是由它一手包办成功的呀！"

话音未落，他就被法国的酒商请去，看看他们的酒桶里出了什么毛病，这么好好的酒，全变成酸溜溜的了。

胡子先生细细地视察了一番，就作了一篇书面的报告。大意是说："纯净的酒，应该请纯净的酿母菌来制造。酒桶的监督要严密，不可放乳酸杆菌，或其他不相干的细菌混进去捣乱。

"乳酸杆菌是制造乳酸的专家，绝不是造酒的角色。你们的酒桶就是这样地给它弄得一塌糊涂了，这是你们这次造酒失败的大原因……用非其才。"

他所说的酿母菌，指的就是我那酵儿。

我那酵儿，小山芋似的身子，直径不到5微米（微米是千分之一毫米），体重只有9.8175×10^{-6}毫克。然而算起来，它还是吾族里的大胖子。

然而胡子先生只知其一，不知其二。那大胖子并不是发酵唯一的能手，吾族中还有长瘦子，也会造出顶甜美的酒。这长瘦子便是指我的霉儿。

它身着有色的胞衣，平时都爱在潮湿的空气中游荡，到处偷吃食品，捣毁物件，是破坏者的身份，又怎么知道它也会生产，也会和人类发生经济关系呢？这就要去问台湾人了。

原来霉儿那一房所出的子孙很多很复杂。有一个孩子，叫做"黑麹菌"的，不知怎地竟被台湾人拉去参加制酒的劳动了。现今的台湾酒，大半都是由它所造成的。

这一房里，还有一个孩子，叫做"黄绿色麹菌"的，也曾被中国、日本和南洋群岛等处的酒商，聘去做发酵的工程师。不过它所担任的，是初步的工作，是从淀粉变成糖的工作。由糖再变成酒的工作，他们又另请酵儿去担任了。

我的菌众当中，有发酵本领的，当然不止这几个，有许多还等着科学先生去访问呢。这里恕我不一一介绍了。

酒固然是发酵工业中的主要的生产品，但甘油在这战争的时代，也要大出风头了。

甘油，它原是制造炸药的原料。请一请酵儿去吃碱性的糖汁，尤其是在那汁里掺进了40%的"亚硫酸钠"，它痛饮一番之后，就会造成大量的甘油和酒来了。

不过，还有面包。西洋的面包等于中国的馒头包子，都是大众的粮食。它们也须经过一番发酵的手续。它们还不也是我的劳动果实吗？

可怜我那有功无罪的酵儿们，在面包制成的当儿就被人们用不断高升的热力所蒸杀了。这在面包店的主人，是要一方面提防酵儿

吃得过火，一方面又担心野菌的侵入，所以索性先下手为强，以保护面包领土的完整。

有时面包热得并不透心，这时候我的野孩子里面有个叫做"马铃薯杆菌"的，它的芽孢早已从空气中移驻到面包的心窝了，就乘机暴动起来，于是面包就变成胶胶黏黏的有酸味不中吃的东西了。

在人类的餐桌上除了面包和酒以外，还有牛奶、豆腐、酱油、腌菜之类的食品，也都须靠着我的劳动才能制造成功。

牛奶，不是牛的奶吗？怎么也靠着我来制造呢？

这我指的是一种特别的牛奶——酸牛奶。这东西中国人很少吃过，而欧美人士却当它是比普通牛奶还好的滋补品，是有益于肠胃消化的卫生食品了。

酸牛奶的酸是有意识的酸，是含有抗敌作用的酸。酸牛奶一落到人们的肚子里，我的野孩子们就不敢在那儿逞凶了。

奇异而又不足为奇的是，制造酸牛奶的劳动者，就是造酒商人所痛恨的"乳酸杆菌"呀！

呵呵！我的乳酸杆菌儿，在牛奶瓶中，却大受人们欢迎了。

不但在牛奶瓶中，有如此盛况，在制造奶油和奶酪的工厂中，它也到处都受厂方的特别优待。这都因为它是专家，它有精良的技术，奶油、奶酪、酸牛奶等，都是它对人类优美的贡献。

酸牛奶在保加利亚、土耳其及其他国，是很盛行的。因为它有功于肠胃，所以那儿的居民，常恭维它做"长寿的杆菌"。这真是我这孩子的一件美事。

据说，美国的腌菜所用的乳酸，也是这乳酸杆儿的出品。不过，他们在乳酸之外，有时又掺进了一些醋酸、酪酸，及其他有香味的酸。这些淡淡浓浓的酸，我也都会制造。法国有一位著名的女化学家，就曾请我到她实验室里表演造酸的技术。结果，我那个黑色的麹儿表演的成绩最佳，它造成了大量的草酸和柠檬酸。现在市场上所售的柠檬酸，一大部分都是它的出品。

豆腐、酱油之类的豆制食物，却是我的黄绿色麴儿的产品了。这是因为它有化解豆蛋白质的能力。

中国制酱油的历史，算是最久远了。可惜中国人死守古法，不知改进，又因为对于我的真相的不认识，酱油里往往有野菌暗渡，弄得黄绿色麴菌不能安心工作，不知浪费了多少原料呀！

你看，那倭国的商人就乖巧些，他们就肯埋头研究，积极在我菌众中物色最干练的酱油司务。

在爪哇，豆制食品也很兴盛，他们专请了另一位小技师，那是我的棕色麴儿。我又有几个孩子，被美国人请去帮他们忙制造甜美的冻膏了。

总之，在吃的方面，我和人类的经济关系，将来的发展是未可限量的。

不过在许多地方，人类却都提心吊胆的，谨防我来侵犯他们的食品。这是因为我那些野孩子的暴行所给他们的恶劣印象，也太深刻了。

那新兴的罐头食品工业，便是人类食品自卫的一个大壁垒。他们用高压强热的手段，来消灭我在罐头境内的潜势力；又密不通风地封锁起来，使我无缝可入。这真是罕见的门罗主义，食物的独占政策，我在这儿也不便多说了。

穿的方面呢？人类也尽量地利用了我的劳力了。浸麻和制革的工业就是两个显著的例子。

在这儿，我的另一班有专门技术的孩子们，就被工厂里的人请去担任要职了。

浸麻，人类在古埃及时代，老早就发明了浸麻的法子了，也老早就雇用了我做包工。可是，像造酒一样，他们当初并没有看出我的形迹来。

浸麻的原料是亚麻。亚麻是顶结实的一种植物组织，是衣服的上等材料。它的外层，有顽固而有黏胶性的纤维包围着。

浸麻的手续就是要除去这纤维。这纤维的消除又非我不行。我的孩子们有化解纤维素的才能的也不多见。这可见化解纤维素的本事，真是难能可贵了。

这秘密，直到20世纪的初期，才有人发觉。从此浸麻的工业者，就大体注意我这有特殊技能的孩子的活动了。于是就力图改善它的待遇，在浸麻的过程中，严禁野菌和它争食，也不让它自己吃得过火，才不至于连亚麻组织的本身也吃坏了。

在制革的工厂里面，我的工作尤为紧张。在剥光兽毛的石灰水里，在充满腥气的暗室中，在五光十色的鞣酸里，到处都需要着我的孩子们的合作。兽皮之所以能化刚为柔而不至于臭腐，我实有大功。

不过，在这儿，也和浸麻一样，不能让我吃得过火，万一连兽皮的蛋白质都嚼烂了，那就前功尽弃了。

土壤革命补助了农村经济；衣食生产有功于人类的工业。这样看来，我不但是生物界的柱石，我还是人类的靠山，干脆点说：人类靠着我而生存。

这我并不是大言不惭。

你瞧！那滚滚而来臭气冲天的粪污，都变成田间丰美的肥料了。这还不是我的力量吗？没有我的劳动，粪便的处置，人类简直是束手无策。

由此可见，我和人类，并非绝对的对立，并无永久的仇怨！

那对立，那仇怨，也只是我那些少数的淘气的野孩子们的妄举蛮动。

观乎我和人类层层叠叠的经济关系，也可以了解我们这一小一大的生物间仍有合作的可能呵！

然而人类往往以特殊自居，不肯以平等相待。自从实验室里燃起无情之火，我做了玻璃之塔中的俘虏，我的行动被监视，我的生产被占有，从此我的统治权属于那胡子科学先生的党徒了。我这自然界中最自由的自由职业者，如今也不自由了，还有什么话可说！

科学小品：
细菌与人

人生七期

由初生到老死，这个路程，是谁都要走过的。不过，有的人不幸，在半道得了急症，或遇到意外，没有走完这条路，突然先被死神抓去了，那是例外。

在生之过程中，发育和衰老，同时进展。我们一天一天地长成，也同时一天一天地老迈了。小孩子一个个都巴不得即刻变做成人，但成人一转眼就都老了，都变成老头儿了。这个由小而大，由大而老之间，其实没有界线可分。天天在长，就是天天在老。生之日益多，死之辰益近。不过看哪一种成分，显得格外分明，而把一条生命线，强分为数段，也可。

大约看来，在25岁以前，发育的成分多，25岁以后，则衰老的成分渐多了。

16世纪，英国的大诗翁莎士比亚，有过一篇千古不朽的名诗，由婴儿起到暮年止，把人生分为七期，描写得极其生动逼真。大意是这样说：咿咿唔唔在奶娘手上抱的是婴儿；满面红光，牵着书包儿，不愿上学去的是学童；强吻狂欢，含泪诉情，谈着恋爱的是青年；热血腾腾，意气甚强，破口就骂，胆大妄为的是壮年；衣服齐整，面容严肃，大声方步，挺着肚子的是中年；饱经忧患，形容枯槁，鼻架眼镜，声音带颤的是老年；塌的眼眶，没有了牙齿，聋了耳朵，舌头无味，记忆不清，到了尽头的是暮年。这样把人生一段

一段的，分析下来，真够玩意儿呀。

但是，莎士比亚的人生七期，是看着人情世态而描写的。我们现在也要把人生分为七期，却是依照生理学上的情形而分的。这七期，不自婴儿始，以子宫内受孕的母卵为起点。

自母卵与精虫相遇，受了精以后，立时新生命就开始了。自开始至三个月，为第一期。

这一期的变化，突飞猛进，最为奇特。在这一期里，母卵不过是直径不满1/700英寸的一颗圆圆的单细胞，内中却早已包含着成人所必需具备的一切重要的结构了。在这期里，还有几种结构，为成人所没有的，如第三星期，有鱼鳃的裂痕出现，如第六星期，有尾巴出现。自演化论者看来，这分明显出，人是鱼的后身，兽的子孙了。由母卵一个单细胞起，一变二，二变四，四变八，不断地变，到了第三个月，人的雏形已经完成，但仍是小得很，要用显微镜才看得清楚。这一期叫做胚胎期。

第二期是胎儿期，由第三个月起至脱离母体呱呱坠地时为止，大约有六七个月头吧。在这一期里，并没有添出什么花样，细胞仍是在变多，已完成的雏形渐渐长大，渐渐加重，渐渐成熟罢了。

在温暖的子宫内的胎儿，不会感到饥饿和窒息的恐慌。他所需要的食料和氧气，都从母亲的血液里支取，都是由胎盘输进脐带，送给他的。

在诞生的时候，这种食料和氧气的自由供给，突然停止。于是新生的婴儿，不得不哇的一声大哭，打通了两道鼻孔，顿时鼓动自己的肺叶，呼吸外界的新鲜空气。又哇的一声大啼，张开自己的小口尽力吸收甜美的乳汁，运用自己的胃和肠来消化食物。

这种食料供给的突变，对于发育的过程，并无重大的影响。不过在初生下来头三天，婴儿的体重略有低减。这多半是因为分娩后那几天乳量不足的缘故，不久就复了常态。

由呱呱坠地到2岁乳齿长出的时候是为第三期，叫做婴儿期。

接着，就是第四期，即幼童期，由3岁起，在女童到13岁止，在男童到14岁止。在这一期里，年年体重均有增加，每年约增9%。这就是说，例如，体重40磅的儿童，每年增加3.6磅，体重70磅的儿童，每年增加6.3磅。假使不生疾病，不遇饥荒，这时期里体重的增加，就可以一直向上无阻了。

到了第五期，就是最宝贵的青年时期了。如春天的花一般，一朵一朵地开出来，红艳可爱，一个个女儿的性格，一个个男子的性格，很奇幻而巧妙地在这一期里长成了。一夜之间，不知不觉由娇羞的童女，一变而为多色多姿的妇人；由顽皮的童子，一变而成大声大样的男人。其间有不少不平等、参差不齐的形态与资质啦。

青年期，在女子她的标志是：月经的来临，骨盆的长大，乳峰的突起，及阴毛的出现，这大约在13至14周岁之间就发生了。

青年期，在男子，他的记号是：面部的胡须有了几根；下部耻骨间的黑毛也一条一条地出来；同时好像喝了什么葫芦里的药，小孩子又尖又脆的高音，忽然变成又粗又重的沉音了。

在滋养得宜的时候，这一期里，体重和身长的增加，比儿童的时期，还来得快，大约可由每年9%，加到每年12%。不过，贫苦的大众，平日都没有吃饱，营养不足，又怎能达到这样高速度的发育呢？

青年期的发育，是跟性的本能有关联的。割去生殖器的男童，到了青春发育的时期，就不会发生如平常男子一般的变化。从前清宫里的太监，就是这一例。这些太监，又不像男，又不像女，口音总是尖脆，颔下从来不生胡须。

美国密苏乌里大学，有一位解剖学教授亚冷先生，曾把某种动物的生殖器割去，那动物的发育因此迟缓了，又将各种生殖器的组织制成溶液，注射入那动物的体内，于是那动物体内某部分的发育又激增了。

但是由这青春的发动而使发育激增这种现象并不能维持长久。

大约过了两年之后，发育的速度，就很快地跌下去了。满了22周岁的当儿，体重和身长，都已发育完全，不再前进了。

不论怎样，到了23周岁，一切体格的生长，都宣告终止。当然在20岁与30岁之间，自体力方面看去，是我们一生最强盛的时代。运动健儿，能创造新纪录，夺得锦标的，都在这时期内。

过了30岁，一切的体力体劲，就江河日下了。

大概是50岁那一年吧，妇人的月经告别，她的生殖时代，就成为过去的了。

在男子，生殖的机能，虽不似妇人那样的突然中断，然而一过了35岁之后，也就一天不如一天了。

男子一过了35岁，就一天一天地肥大了。团团的面孔，双重的下巴，厚厚的颈项，都显得隆肿起来了。汗毛越粗，胡子蔓延的区域渐广。笨重的身体，挺着大肚皮，一步一步不慌不忙地走。有福气活到35岁以上的人，多少都有这种福相吧！

然而这些形相，却被科学家认为都是生殖机能渐弱的表示。割去生殖器的雄兽，也就渐渐异常地肥大起来了。割去生殖腺的雄鸟，毛羽也格外地粗大。生理学者起初也以为胡子汗毛的加多加粗，是男性发展完全的特征，后来由于阉割雄鸟的试验，以人比鸟，就悟到粗毛粗须，是性能力渐弱的标记，而在这时期内，男子生殖腺的作用，事实上的确是减弱了。

男子到了60岁，生殖的机能，就完全终止了。世间才有几个老当益壮，66岁，还要割须弃毛，再做新郎的贵人呢？

由25岁起，女的到50岁，男的到60岁，是中年期，是一生的中心，是一生最有用的时代，这是第六期。

第七期，60岁以上的人，就算老了，一轮红日慢慢西沉，终归于万籁俱寂了。至于怎样老法，下一次再谈吧。

人身三流

中国的民众不知流了多少泪。

我由泪想起汗，由汗想起尿。

这是贫民窟里的三宝，却不为一般人所重视，因此我愿意替它们宣传宣传。

泪在灾民难民眼眶里狂涌，汗在车夫工人的额角背上怒奔，尿在黑暗的角落打滚。这是三种有生命的水啊，被压迫而向体外逃亡，所以我称它们做"人身三流"。

人身所流出的水，固不只这三种，而这三种却是最肯抛头露面，而且爽直，不稍存退缩之心。

中国人的传统观念，总以为地位尊崇者，他的一切就高人一等。因此，在这人身的三流里面，泪的位置最高，也可以自称为上流了。汗的位置，上上下下，几遍于全身，只可称为中流。尿呢，那就是被人所贱视的下流了。

尿之不如汗，汗之不如泪，似乎是当然的道理。

所以古今诗人雅士，吟诗作赋，免不了说一两句伤心话，不是断肠，就是落泪，几乎非泪不足以表其多情。泪总是多情的产物罢。于是泪就可比茶一般的清高了。

一到了汗，他们就有些讨厌这个了。然而诗人到了夏天就有苦热诗了，在苦热诗里，又似乎非汗不足以写其苦。

至于尿，这卑鄙下贱的东西，用它骂人出气还可以，绝不可以入诗文，就是俗人的谈话，也都极力避免用尿字。

其实，这是不公平，不正确的。

我们都被传统的观念所束缚，所蒙蔽了。尿、汗、泪三者都是人身的外分泌，干净时，一样的干净，龌龊时，一样的龌龊。

查其来源，它们都是从血液里面逃出来的流民。

观其内容，尿最丰富，汗次之，泪最淡泊。然而都是一样的带点酸性的盐水，都含有一些"尿素"之类的有机化合物，还有别的，这里暂不提。

论其功用，尿最伟大，汗副之，泪就在可有可不有之间了。

泪的故乡是在眼角和鼻骨之间的泪器。泪时时都伏于那泪器的门口观望，有时出来巡逻，洗洗眼珠，清清眼皮，偶尔堕入鼻子的深渊，无底洞，就成为一种鼻涕了。

泪在心理上颇占地位，人都认为它和悲哀的情感有关系，这是因为泪器的细胞，和大脑派出的神经有直接联络罢。然而有时笑也会出眼泪；眼睛受了辣椒、烟雾的刺激，也会出泪；又有所谓流泪弹（催泪弹）之类的毒品，专使我们流出大量的泪。这可见泪实是眼睛的警备队、保护者了。

人本是流泪的生物。自初生到老死这一个过程中，流泪的机会正多着哩。但，中国人的眼泪是用得太滥了，各自为一身一家的疾痛，而流出一点一滴的泪，那泪是弱小而无聊的。

现在我们东方第一古国的悲剧，已一幕一幕地揭开了。我们要学春秋战国时代，荆轲和高渐离二侠士在燕市酒店里，那样慷慨悲壮的流泪。我们希望拿四万万大众的热泪，来掀波翻浪洗净国耻。然而泪终于是弱者的武器，单靠它来救亡图存，那力量是太薄弱了。

泪之后，还须继之以汗。

汗的原籍是皮肤里面的汗腺。全身的皮肤，除了外耳道、包皮、龟头之外，都有汗腺，而以手掌足底的汗腺为最多。人身皮肤

汗腺的总计，大约在200万以上罢。

汗腺出汗的多少是没有一定的。这要看四周空气的情形，寒暖如何，干湿如何。多跑多动，也会出汗。有时人们受了突然的惊吓，也会吓出一身冷汗来，汗也被情感所支配了。据说，在平时，就是穿长衫的人们，平均每24小时，也要出汗2至3升。这是皮肤受了衣服的包围，那里面的热气，常在32℃左右，所以无形之中，时时都在出汗了。

不过，这汗不是水而是汽。大约要过了33℃的"界点"，汗气才一变而为汗水。

汗水和汗气的分界，也可以说就是劳力和劳心的分界罢。

汗水里面的宝贝，除了盐和水之外，还有尿素、尿酸、肌酸、石炭酸、蛋白素之类的杂烩。而以尿素的成分为最主要。

刚洗完蒸汽浴，或经过一番强烈的运动之后，满头满身，淋淋漓漓，都是热汗，而那些汗珠里面，尿素的成分，就顿时加了许多。

有的人听了这话，就有些不愿意，而且不大相信，以为尿素这下流东西，也配在我头上身上作威作福哇。

然而这是生理上的事实。

原来尿和汗还是亲家，尿之尿素减少，则汗之尿素加多；汗之尿素少，则尿素都跑回尿那边去了。而其来去的主权，则由大脑派有特别神经，暗中操纵。

尿的历史就复杂得多了。现代疾病的诊断，又往往非作尿的检查不可，都是想从尿水里，追寻出疾病的脏物。尿的出身，虽甚下贱，它的先前性状，又极神秘，而它却是牺牲了自己而出奔——有的说是被压迫而逃亡——调和了血液，保全了全体，大有功于人身。将来如有空闲，也拟替它作一篇正传。这里所要谈的，不过举其大概罢了。

它的大本营是肾，膀胱是它的行营。

肾是一副多管的腺，俗称腰子，又号腰花，常常被人误认为男

子生殖器的睾丸。其实睾丸自是藏精之宫，而肾却是尿的制造所了。

在这每个制造所里面，约有200万颗小球——肾小球——无数微血管密密地分布于此。

这么多的肾小球，又都被小球囊所包围。小球囊和肾小球之间，只隔了两层薄薄的膜；一层是微血管的外皮，一层便是肾小球的外皮。那小球囊的空间，就是尿管的起点。

尿管起初是弯来弯去，千回百转，所以叫做盘曲的小管，后来才变成直直的一条，出了肾，直通尿道，而达于膀胱了。

肾，这制尿局，其结构是如此细微而繁复，于是生理学者，研究了再研究，在显微镜下，眼都看红了，还是纷纷论战，各执一说，还不能解决尿是怎样制造的这个问题。

有一派说，血一到了肾小球的微血管，因受大血管里的高血压所迫，只得透过了那两层薄膜，到了小球囊的空间，而变成尿。可是那尿是太稀了，于是当流过了盘曲的小管的时候，在途中，就有一部分，又被两旁的外皮细胞所吸收了，其余的渐渐成了浓尿的本色。

又有一派也承认，尿是血所滤过的东西。不过，他们以为，在小球囊的尿，还不是完整的尿，而只是些无机盐和水，所以稀。后来，在盘曲小管的途中，又有一批尿素、阿莫尼亚之类的有机物，从两旁的外皮分泌出来，加入尿的洪流中，于是就浓了。

这两说，各有其道理，其试验根据，等他们决定了，再叙罢。现在我们只认尿是血的后身就够了。

血是最受人敬重的，我们又怎么太看不起尿呢？

尿是有时而酸性，有时而淡。这是间接受了食物的影响。吃肉的人，尿是酸性，吃素的人，尿近于淡。尿若变成了碱性，那是细菌这小贼儿的恶作剧。

尿的内容，除了守本分的无机盐和水之外，杂色的分子极多。主要的当然是尿素。其余还有尿酸、肌酸、马尿酸、草酸、硫酸盐、氧化酸、氮化酸、氮气、碳酸气、尿色素、尿胆素，各有各的

来历与背景，还有有时列席有时缺席者不计外，真是济济一堂。这些名目都是抄自一位化学家的记录。

然而有人读了，就要生疑了。那姓马的尿酸怎么也会杂在里面，人尿里难道也会有马尿么？

本来科学名词都有些奇特，我们若认真起来，就很吃力。马尿酸，本是吃草的动物如马之类的尿中所常有。人及吃肉的动物，难得有。但人若常吃素，尿里就来了大量的马尿酸了。反之，尿酸乃是吃肉的记号。所以尼姑、和尚之流，若开了荤偷着买肉吃，尿里面马尿酸的成分变成了尿酸，这是瞒不过实验室里的化验员的。

尿的质既是这样琳琅富丽，尿的量也很可观。成年男子在24小时之内所分泌出尿的总量，通常都有1500至1700立方厘米之多。当然水喝得愈多，尿也就愈多，喝了茶、咖啡之类的饮料，尿也较多。这是常人所知道的。尿实是血过剩的去路啊。

然而，有人就要问了，尿何以恶臭难闻，它不是屎之流么？这又是传统的误会了。

尿与屎并论，是尿百世之冤恨。屎是食物的渣滓，和以胆汁，又有粪臭素、硫化氢之类的臭物，细菌成兆成亿地在那里寄生。虽居人身的腹地，并未曾受人肉的同化。

尿是血的分泌。血清尿也清，血浊尿也浊。血糖有过剩，而尿就成为糖尿了。尿的本味，就是阿莫尼亚的本味，是一种单纯的药味，昏迷的人闻了，还可以大醒。尿所以恶臭，是离了人身之后而变成的。这不是尿之本身的罪状，而是细菌的罪状。让细菌吃饱了的东西，就是汗，就是泪，就是血，就是肉，有哪一件不臭呢？

独于尿，而最看不起，这是下流者的不幸。

中国贫民窟里下层的民众，也被人看不起了几千年了。

泪也竭了，尿也尽了，只有汗还多可以流。

多喝些革命的水罢！多喝些抗敌的酒罢！澄清民族的污浊！流出四万万人的血，使全太平洋的水变色！

色——谈色盲

有些泥古守旧的人，对于色，只认得红，其余的都模糊不清了，以为红是大喜大吉，红会升官发财，红能讨老婆生儿子，其余的色，哪一个配！

有些糊涂肉麻的人，如《红楼梦》里的贾宝玉之流，有特种爱红之癖，其余的色都被抹杀了，其余的色哪里赶得上？

然而，在今日的世界，红似乎又带有危险性了。有些人见了它就猜忌了。不是前不多时，报纸上曾载过，德国有一位青年，因用了红领带，而被处了六个星期的徒刑吗？

但是，我这里所要谈的，并不是这些喜红、爱红和疑红的人，而是另一种人，认不得红的人。

这一种人，对于红，一向是陌生的。这一种人，见了红以为是绿，见了绿又以为是红。这一种人，就叫做色盲。

色盲不是假装糊涂，而实是生理上的一种缺憾。

这些话，在色盲者听了，或者能了然；不是色盲的人听了，反而有些不信任了，说是我造谣。因此我须从色字谈起。

色，这迷离恍惚、变幻莫测的东西，从来就有三种人最关心它。

物理学者关心它的来路，它的结构。

生理学者关心它的现实，它和人眼的反应。

心理学者关心它的去处，它对于心理上的影响。

虽然，还有化学者在研究色料的制造，诗人美术家在欣赏、调和色的美感，政治家在用色来标榜他们的主义，市政交通当局在用色以表明危险与安全，如此等等的人，对于色，都想利用，都想揩油，于是色就走入歧路了。这些，这些，我们不去细谈。

物理学者就说：色是从光的反映而成。光是从发光体送出来的一种波浪。这一波一浪也有长短。太长的我们看不见，太短的也看不见。看不见的光，当然是没有色，然而它们仍在空气中横冲直撞，我们仍有间接的法子，去发现它们的存在。如紫外光，如X光，如死光之类。看得见的光，就可以分析而成为种种色了。

大概，发光体所送出的光，多不是单纯的光，内容很复杂，因而所反映出的色，也就不止一种了。

满天闪闪烁烁的群星，都是极庞大的发光体，和我们最亲热的就是太阳。地球上一切的光，不，整个太阳系的光，都是来自太阳。

电光、灯光、烛光，乃至于小如萤火虫的光，乃至于更小如某种放光细菌的微光，也都是受了太阳之赐。

太阳的光线，穿过了三棱镜，一受了曲折，就会现出一条美丽的色系，由大红，而金黄，而黄，而蓝，而绿，而靛青，而紫。红以上，紫以外，就因光波太长太短的缘故，不得而见了。而且，这色系之间的演变，又是渐变而不是突变，所以色与色之间的界线，就没有理想的那样干脆了。

色之所以有多种，虽是由于光波的长短不齐，然而其实也靠着人眼怎样的受用，怎样去辨识。没有人眼，色即是空，有人眼在，空即是色。这太阳的色系，是一切色的泉源，普通的人眼，都还认不清，何况所谓色盲的人。

生理学者花了好些工夫去研究人眼，又花了好些工夫研究人眼所能见的色。他们说：人眼的构造，和照相机相似，最里层有一片薄膜，叫做"视网膜"，那视网膜就好比是底片。一色至一切色的知觉都在这底片上决定，又伏有视神经的支脉，可以直接通知大脑。

色的知觉，可分为两党：一党是无色，一党是有色。

无色之党，就是黑与白及中间的灰色。

有色之党，就是太阳色系中的各色，再加上各种混合的色，如橄榄色、褐色之类。

有色之党，又可分为两派：一派是正色，一派是杂色。

正色，就是基本的色，纯粹的色。有的说只有三种；有的说可有四种。说三种的，以为是红、黄、蓝；又有以为是红、蓝、紫。说四种的，以为是红、绿、蓝、紫；也有以为是红、黄、绿、蓝。

总之，不论怎样，有了这些正色之后，其余的色，都可以配合混制而成了。因此，其余的色，都叫做杂色。据说，世间的杂色，可有1000种之多哩。

太阳、火焰、血的狂流，都是热烈的殷红。晴天的天，海洋的水，都是伟大的深蓝。大地上，不是一片青青的草，绿绿的叶，就是一片黄黄的沙，紫紫的石。这些不都是正色吗？傍晚和黎明的霓霞，花儿的瓣，鸟儿的羽，蝴蝶的翅，金鱼的鳞，乃至于化学药品展览室里一瓶一瓶新发明的染料，这些不都是杂色吗？

有了这些动人而又迷人，醒人而又醉人，交相辉煌而又争妍夺艳的种种的色，使我们的眉目都生动起来，活泼起来，然而外界的引诱力是因之而强化，于是我们有时又糊涂起来，迷惑起来了。我们的心房终于是突突不得安宁了。为的都是色。

这些话都是根据人眼的经验而谈。

然而，色，迷人的色，把它扫清罢！假使这世界是无色的世界，从白天到黑夜，从黑夜到白天，尽是黑与白与灰，这世界未免太冷落寂寞了，太清寒单调了，太无情无义了。

然而，世间就有这么一类的人，对于色，是不认识了。大家看得见的色，他偏看不见，或看得很模糊，或大家看是红，他偏看出绿来，大家看是蓝，他偏看是白，大家看是黄，他偏看是暗灰色。

这一类人，有的是全色盲，对于一切色，都看不见；有的是一

色盲，对于某色看不见；有的是半色盲，对于色，都看得模模糊糊罢了。最可怜的，就是那全色盲，他的世界完全是黑与白与灰，是无彩色的有声电影的世界。

这些事实，人们是不大容易发觉的。在这奔波逐浪、汹涌澎湃的人海潮里，不知从哪一个时代，哪一位古人起，才有色盲，我们是没有法子去考据的，也许有好些读者从来没有听见过色盲这个名词，也许你们当中就有色盲的人，而连自己都还没有发觉。

科学界注意这件事，是从18世纪末年英国的化学家道尔顿起。这位科学先生，本身就是色盲。他就是认不得红色的色盲之一员。

认不得红色是有危险的呀！后来的生理学者、心理学者，都渐渐注意了。他们说：水路、陆路的交通，都是以红色作危险的记号。轮船、火车上的司机，若是红色盲，岂不危险么。十字大街上的红绿灯，是指挥不动这些色盲的路人了呀。于是这个问题就为市政和交通当局所重视了。

色盲的人，虽不是普遍的现象，然而也到处都有，尤以男子为多。据说，男子每百人中，色盲者有三四人；妇女每千人中，色盲者有一人乃至十人。不过，完全色盲的人很少很少。最常有的还是红色盲。其次的，还有绿盲、紫盲、蓝盲、黄盲，如此之类的色盲。

这些色盲，都是对于某一种正色的朦胧，不认识。对于杂色，更是糊涂弄不清了。

然而，红盲的人，听了人家说红，就去揣度，有时他也自有他的间接法子，他的自定标准，去认识红，去解释红，所以人家说红，他也不去否认。这样地，我们要侦察他的实情，是真红盲，还是假红盲，就得用红的种种混合色，杂色，请他来比较一下，他的内幕于是乎揭穿了。医生检查色盲的种种手段，就是按照这个道理。

现在我们的敌人，有点假惺惺，口里声声亲善，背后枪炮刀剑，枪炮刀剑似乎是红，亲善又似乎不是红。中国民众不要变成红盲吧！

声——爆竹声中话耳鼓

在首都，旧历新年的爆竹声，已不如从前那样通宵达旦，迅雷急雨般地齐鸣了。

不知被甚风吹走，今年的爆竹声，虽仍是东止西起，南停北响，但须停了好一会儿，才接着响下去，无精打采地，既像疏疏的几点雨声，又像檐下的滴漏，等了许久，才滴一滴。

在这国难非常严重的年头，凡有带点强为庆贺，强为欢笑之意的声调，本来就不顺耳，索性大放鞭炮，热闹一番，倒也可以稍稍振起民气，现在只有这不痛不痒的疏疏几声，意在敷衍点缀新年而了事，听了更加不耐烦了。

不耐烦，有什么法子想呢？

色、声、香、味、触，这五种特觉，只有声是防不胜防，一时逃避不出它的势力范围之外。声音一发，听不听不能由你。这责任一半在于声音的性质，一半在于耳朵的构造。

声音是什么呢？

声音是一种波浪，因此又叫做音波。这音波在空气中游行，空气的分子受了振荡，一直向前冲，中间经了无数分散而凝集，凝集而又分散的曲折。

音波是由发音体发出来的，起先一定是发音体先受了振荡，所以两个坚实的物体，互相碰击，就可以成音。这音波是一波未平，

一波又起的，而每一波的长度都不相等，有时相差很远。

大凡合于音乐的音波，我们常人的耳朵所听得到的，它的波长，最长的不过12至21米之间，最短的波长只在25毫米之内。

这些音波在空气中飞行极快，平均的速率，每秒钟能行33至36米，但也要看所穿过的空气的寒暖程度如何。

不论怎样这些合于音乐的音波，是有规则的，有韵节的。

不合于音乐的音波，就乱七八糟一点没有规律，没有韵节，所以听了就讨厌。

在从前，新年的爆竹声，家家户户合奏像一阵一阵的交响曲，非常使人高兴。今年的爆竹声，受了当局不彻底的禁止，受了民间不景气的潮流的影响，好久，好久忽儿发出三四声，短而促，真是不痛快而讨厌。这是声音的不协调，而叫我感到不耐烦。

耳朵的结构是怎样呢？

在我们的头颅上，两旁两扇翅膀似的耳翼，是收集音波的机器。在有的动物身上，它们还会听着大脑的指挥而活动的，然而它们的价值只是加强了声音的浓度和辨别音波的来向罢了。

不谙生理学的中国人，尤其是星相家之流的人，太看重了这两扇耳翼，以为耳的宝贵尽在这里，而且还拿它们的大小作为富贵和寿命的标准。如老子耳长7寸，便以为寿，刘先主目能自顾其耳，便以为贵之类的传说。

其实，若不伤及耳鼓，就是割去两扇耳翼，也还听得见，不过声音变得特别一点罢了。这两扇露在外面的耳翼，有什么了不得呢？

围着耳翼里面那一条黑暗的小弄，叫做耳道。耳道的终点，是一个圆膜的壁，叫做耳鼓。这耳鼓才是直接接收音波、传达音波的器官。这一片薄薄的耳鼓膜厚不及1/10毫米，却也分做三层：外层是一层皮肤似的东西，内层是一层黏膜，中间是一层"接连组织"。它的形状有点像一个浅浅的漏斗，而那凸起的尖端，却不在正中央，略略地偏于下面。这样带一点倾斜的不相称的形状，能敏

锐地感到音波的威胁而振动。音波的威胁一去，那耳鼓的振动就停止了，所以耳鼓若是完好的，那外来的声音听得很干脆而清晰了。

紧靠在耳鼓膜的里面有三颗耳骨：一是锤骨，一是砧骨，一是镫骨，各因其形而得名。这三颗耳骨的那一面是靠着另一层薄膜，叫做耳窗，又名前庭窗。

这些耳骨是我们人身上最轻而最小的骨。它们的构造是极尽天工的巧妙，只须小小一点音波打着耳鼓，就可以使它们全部振动，那音波便被送进内耳里面去了。

内耳里面是伏有听神经的支脉，叫做耳蜗神经。那耳蜗神经的细胞非常灵便，不论多么低微的声音，它们都能接收而传达于大脑。

现在像爆竹这般大而响的声音，我们哪里能逃避不听呢！就是掩着两扇耳翼，空气的分子，既受了振荡，总能传进耳鼓里面去呀。

不过，这也有一个限制，空气是无刻不受着振荡，有的振荡的速率是太快或太慢，达到了我们的耳鼓上面，就不成其为声音了。

我们一般人所能听到的声音，极低微的振动频率，大约是在每秒钟24次至30次之间。有的人，就是低至每秒钟16次的振动频率的音波，也能听见。最高的振动频率，要在每秒钟4万次以内，才听得见。

在这里又要看各个人耳朵的感觉如何敏锐了。聋子是不用说了。有的人虽然没有到了聋子的地步，然而对于好些尖锐的声音，如虫鸟的叫鸣，就听不见。

虽然爆竹的声音，它的振动率不太高也不太低，只要距离得不太远，是谁都能听见的哩！

现在我们国家管事的人对于敌人的侵略，好像虫声鸟声一般唧唧地在那里秘密讨论。它的振动频率太低了，使我们民众很难听得见。而汉奸及卖国者之流，又似乎放了疏疏几声的爆竹，以欢迎敌兵，闹得全世界都听见了，真是出丑，更令我们听了不耐烦。然而又有什么法子想呢？

香——谈气味

气味在人间，除了香与臭两小类之外，似乎还有第三种香臭相混的杂味罢。

植物香多臭少，动物臭多香少，矿物除了硫、硒、碲三者之外，又似乎没有什么气味了。

这些话是就鼻子的经验所得而谈。

香是鼻子所欢迎，臭是所拒绝，香臭不甚明了的第三种味，也就马马虎虎让它飘飘然飞过去了。

鼻子是两头通的，所以不但外界冲进来的气味瞒不过它，就是口里吞进去的，或胃里呕出来的东西，它也知道。捏着鼻子吃苦药，药就不大苦了。

然而鼻子是时而塞住了，如得了伤风及鼻炎之类的疾病，那时就是尝了美酒香果，也是没有平日那么可口了。

气味到底是什么东西组成的，而又这样的轻贵呢？是不是也和光波、音波一样，也在空气中颤动呢？从前果然有人以为气味的游行，也是波浪似的，一波未平，一波又起。而今这种观念却被打破了。

现代的生理学者都以为，气味是从各种物体发出来的细粉。这细粉大约是属于气体罢。既发出之后，就渐散渐远，渐远渐稀，终于稀散到乌合之乡去了。

但若在半途遇到了鼻子，就飘进了鼻房里面，在顶壁下，和嗅神经细胞接触，不论是香是臭，或香臭相混，大脑顷刻就知道了。

据说，同属一类的有机化合物，结构愈复杂，气味也愈浓。这样看来，气味这东西，似乎又是化学结构上"原子量"的一种作用了。

因此，要把世间的气味，一一分门别类起来，那问题便不如起初料想的那样简单了。

于是我想鼻子真是一副极灵巧的器官啊，无论什么气味，多么细微，多么复杂，它都能分辨出来。

鼻子在所有特觉当中，资格算是最老了。

然而文明愈进步，鼻子就愈不灵，生物的进化程度愈高，鼻子的感觉也愈坏。

野蛮民族，如美洲红人、原始人之类，他们的鼻子，都比现代人灵得多。他们常以鼻子侦察敌人，审查毒物，而脱离了危险。

狗的鼻子是著名的敏锐了。无论地上留有多么细微的气味，它都能追寻到原主。然而它也只认得熟人的气味，才是好气味。如果是生人，就是你满身都是香，也要对你狂吠几声，因为你不是它的圈子以内的人。

昆虫的嗅觉，似乎也很灵，不然房子里一放了食物，蟑螂、蚂蚁之类的虫儿，怎么就知道出来游历考察呢？

气味的感觉，也是当局者迷，外来者清。鼻子是有时而倦了，它也只有几分钟的热心。所以古人说："入鲍鱼之肆，久而不闻其臭；入芝兰之室，久而不闻其香。"在生理学上看来，这句老话倒也不错。很多人总不觉着自己屋子里有臭味，一到外头去跑跑，回来就知道了。

气味有时也会倚强欺弱，一味为一味所压迫，所遮蔽，所中和。所以两味混在一起，有时我们只闻见这味，而闻不到那味，如尸体的味一经石炭酸的洗浸之后，就只有石炭酸的气味了。

因此，人们常用以香攻臭的战术来消灭一切不愿闻的气味。这种巧妙的战术，是大大的被有钱的妇女所利用了。这也是香粉、香水之类化妆品的入超原因之一吧！

肉的气味，大家都是一样，本来没有什么难闻。然而不幸有的人常常发生特种的气味，则不得不借香粉、香水之力以遮蔽了。然而又有的人竟大施其香粉政策以取媚于其腻友，或在社交上博得好声誉。

然而香粉、香水之类的东西是和蜂采蜜一般，从花瓣花蕊里面采出来，榨出来的，究竟不是肉的本味，而是偷来的气味，似乎有些假。

因此我还有一首打油诗送给偷香的贵人们：

窃了花香做肉香，
花香一散肉香亡，
剩下油皮和汗汁，
还君一个臭皮囊。

据说气味这东西与心理还有些联络。所以讨厌这个人也讨厌这个人的味，欢喜另一个人也欢喜那个人的味，这是常有的事，而且还有闻着气味而动了食指或色情的君子呢。

气味这东西真是不可思议了。

在这个年头，气味有时使我们气闷，使我们掩了鼻子不是，不掩鼻子又不是。掩了鼻子又有不亲善的嫌疑，不掩鼻子又有人说你的鼻子麻木了，不中用了。

社会上有许多事是臭而又臭，绝没有一些香气，又不是第三种的杂味可以让它飘过去，真是左右难以做人啊。

细菌的形态

有了一架可以放大至1000倍左右的显微镜，看细菌是便当的事了。只须将那有菌的东西，挑下一点点涂于玻璃薄片上，和以一滴清水，放在镜台上，把镜筒上下旋转，把眼睛搁在接目镜上一看，镜中自然隐约浮出细菌的原形来。

但是，这样看法，就好像半夜醒来，睡眠迷离中，望见天空烁烁灼灼，忽明忽昧的星河星云，看得太模糊恍惚了。

自柯赫先生引用了染色法以来，于是细菌也施紫涂朱，抹黄穿蓝，盛装艳服起来，显得格外分明鲜秀。

后来的细菌学家相继改良修进，格兰先生发明了阴阳染色法，齐尔、尼尔森两先生发明了抗酸染色法，于是细菌经过洗染之后，轮廓不特明显，内容清晰，而且可作种种的分类了。

就其轮廓而看，细菌大约可分为六大类：一为像菊花似的"放线菌"，二为像游丝似的"丝菌"，三为断干折枝似的"枝菌"（即分枝杆菌），四为小皮球似的"球菌"，五为小棒子似的"杆菌"，六为弯腰曲背的"弧菌"，那第六类，有的多弯了几弯，像小小螺丝钉，又叫做"螺旋菌"。

这些细菌很少孤身漂泊，都爱成双结四，集队合群地，到处游行。球菌中，有的结成葡萄儿般的一把一把数十百个在一起，名为"葡萄球菌"，有的连成珠儿般的一串一串，有短有长，名为"链

球菌"，有的拼成豆儿、栗子、花生般的一对一对，名为"双球菌"，有的整整四个做成一处，名为"四联球菌"，有的八个叠成立方体，名为"八叠球菌"。

杆菌中，有的竹竿儿似的一节一节；有的马铃薯般的胖胖的身躯；有的大腹便便，身怀芽孢；有的芽孢在头上，身像鼓槌；有的两端肿胀，身似豆荚；有的身披一层荚膜；有的全身都是毛；有的头上留有辫子；有的既有辫子，又有尾巴；长长短短，有大有小。

细菌都有点阴阳怪气，有的阴盛，有的阳多，有的喜酸性，有的喜碱性。

若用格兰先生的染料一染，点了碘酒之后，再用火酒来洗，有的就洗去了颜色，有的颜色洗不去了。洗去的就叫做"阴性格兰氏球菌"及"阴性格兰氏杆菌"；洗不去的就叫做"阳性格兰氏球菌"及"阳性格兰氏杆菌"哩。这阴阳两大类的球菌和杆菌，所以别者，皆因其化学结构及物理性质有所不同，换言之，即它们生理上的作用，是不一样的呀。

有一类分枝杆菌，如著名的结核杆菌，满身都是油，很不容易染色，后来齐先生和尼先生，把它放火上烘，烘得油都化走了，于是一经染色，就是放在酸汁中浸，也洗不退，这就是抗酸染色，这一类杆菌，又被称为抗酸杆菌了。

染色之道益精，菌身的内容益彰。细菌身上或有芽孢，或有荚膜，或有鞭毛。前文已经隐隐提出。芽孢所以传种，荚膜所以自卫，鞭毛所以游动。

除此之外，孢中并非空无一物，有说还有孢核，有说还有色粒，连细菌学家，都还没有一律的主见，我们俗人，不管它这个。

细菌的祖宗——生物的三元论

中国人最尊重的就是祖宗，所以现在我要谈起细菌的祖宗，一定很合你们的胃口，你们听了总不会十分讨厌罢。

不过，我们中国人从来是重男轻女，所谓祖宗都是指父党而言，和母亲娘家的人是毫无关系的。每逢年节，祭祖扫墓的事不都是纪念父系这边的死人吗？

细菌这生物，不分男女，不别雌雄，就有，也都一律平等，没有什么轻重，所以科学家不论是在显微镜下观察，或者是在玻璃器里试验，不知费了多少精神，几许工夫，总不能辨出它们，哪个是公，哪个是婆，哪个是夫，哪个是妇。

细菌的祖宗究竟是谁呢？

古今中外的帝王都有年谱。世家也有列传。细菌族里可惜没有族谱，而且从来没有人替它们立传。所以菌族先世的性状并没有记载可寻。

于是生物学者就纷纷议论起来了。

人类和细菌初次会面还不过是260多年前的事。中国人虽常吃香蕈蘑菇，然而这些都是大菌，和细菌无干。

有人说香蕈蘑菇之类的大菌便是细菌的祖宗。提出这个意见的人以为小的生物都是从大的生物而来。例如蚂蚁、蜜蜂、蝴蝶、苍蝇以及其他一切昆虫的祖宗，就是古生物时代号称为大海霸王的

"三叶虫"。在当时三叶虫的躯体庞大无比，横行水中，水中小鱼小兽见了它都很羡慕，谁想到它后代的子孙，都是那么小小的。

又如龟蛇鳄鱼这一类的动物，它们的祖宗，也曾在大陆上横行过一时，那时代就叫做爬虫时代，那些爬虫，如恐龙怪蟒之类，都是顶大顶可怕的。

就是我们人类的祖宗，原始人的躯体听说也比现代人大了好些。这些不都是生物从大而小的证据吗？

然而有些微生物学者听了这话又大不以为然了。据他们说单细胞生物是多细胞生物的祖宗，而单细胞生物却比多细胞生物小。这样一说，生物的演变，又是由小而大了。

据说最近几十年内，微生物学者又发现了好几种有生命的小东西，小到连显微镜下都看不见，因而称做"超显微镜的生物"。那么，这些超显微镜的生物，是不是细菌的祖宗，而细菌又是不是其他一切生物的祖宗呢？

但是超显微镜的生物，也和细菌一样，也和香蕈蘑菇一样，都不能独立自主地生活，都须寄生于其他生物的身上，这样一说，就都没有做祖宗的资格，因为没有主人不会有客人，没有其他生物之先哪里会有寄生物呢？

这岂不是像细菌这一类的东西，只配做人家的儿孙，不配做人家的祖宗吗？

生物学者向来强把生物分做两大界：一界是植物，一界是动物。

我以为既分做两界，不如分做三界。另添的一界是菌物，就是指香蕈蘑菇和细菌这一类的东西。

分做两界最大的理由，是因为植物体内有"叶绿素"，靠着这叶绿素的力量，它会利用阳光，将水及二氧化碳综合起来变成糖类。动物却没有这个本事，这是动植物两界基本上不同的地方。

其次，就是因为动物能行动自由，不受土地的束缚，而植物则非连根带泥拔出来，就动不得，偶尔身上长有鞭毛或纤毛，然而也

只能使局部略略飘动罢了,并不是全身的迁移。

又其次就是因为动物须到处寻找食物,所以具有敏锐的感觉神经,而植物无须仔细去辨别食物,所以并没有像动物那样敏锐的感觉。

又其次就是因为这两界的生物的形态大不相同。动物的身体都是缩做一团,上面有一条孔道可通食物,又具有消化器。植物所吃的东西都是气体和液体,这些东西四处都有,又无须经过消化的手续,所以它们的"枝""干""叶""根"都是四面张开。

现在大个子的菌物,如香蕈蘑菇之类,都是附着树干上而生,它们的外貌和植物没有两样,所以生物学者都把它们认做植物,可是它们的内容并没有一点叶绿素。没有叶绿素又怎样配称做植物呢!

至于细菌这一类小小的东西,固然有的也在土中生长,有的也随着空气而飘荡,有的也在水中奔波逐流,有的竟漂泊到动植物身上去,就是你们人类的肚子里也有它们的踪迹,它们身上的鞭毛又很活泼,在液体中游动起来,真比汽船潜艇还快,这些都充分地表示它们是可以自由行动,并不受土壤的节制。况且它们身上也没有一丝一毫的叶绿素,这样看来应当把它们归于动物一界了。

然而生物学者犹豫了半世纪之久,后来到底因为它们的生活状态极似大菌,终于通过列它们于植物之界了。

细菌族里还有一位螺大哥,它们的形状弯弯曲曲,很像螺丝钉,因为它身上没有鞭毛,靠着它自身一弯一曲的力量,而能飞快地游动,因此有时生物学者又把它拉入动物之界了。

这似乎有点不公平。

这是生物学传统的观念,以为生物只能有两界,不是植物,便是动物,只看形式,不顾实际。

植物固然有叶绿素,能自制糖。这糖便是植物自身的食料,但它却是造得太多了,而有过剩,这些过剩的食料便送给动物吃了。

　　动物因为有消化器，所以能把这些植物所过剩的食料，分解了而又重新综合起来，变成自身组织的结构。

　　若植物只管制造食料，动物只管吞吃食料而没有第三者出来代自然界收回这些原料，以供植物的再取再用，那生物界就有绝食之虞了。

　　这第三者的工作，就是菌物界的各分子来担任了。

　　香蕈蘑菇的工作，就是去分解树皮、树干、树枝、树叶这一类坚硬的东西，使它们软化，然后昆虫吃了才能消化。

　　细菌的工作，就是去分解动物的尸身，把它们变成各种无机物，以供植物直接从土中吸收。

　　由此可见生物的循环，是有三大段，第一段是植物的工作，第二段是动物的工作，第三段便是菌物的工作了。

　　生物既分做三界了，菌族的地位，也就名正言顺，落落大方，不必依傍他物了，于是菌族的祖宗也就有些眉目可寻了。

　　这些眉目在哪里呢？

　　我们现在请达尔文先生出来作见证吧。在达尔文先生的《物种起源》里，一切生物的进化程序，可以说都是由简单而复杂。

　　这样一说，单细胞生物无疑的是多细胞生物的祖宗了。

　　"阿米巴"是最简单的单细胞动物，于是阿米巴就做了动物界的祖宗了。青苔是最简单的单细胞植物，于是青苔就做了植物界的祖宗了。细菌是最简单的单细胞菌物，于是细菌也就做了菌物界的祖宗了。

　　这三界是一样的重要，缺一不可，这是生物的三元论。

　　阿米巴、青苔和细菌是生物的三位"教主"。然则谁是生物的"太上老君"呢？那就渺渺茫茫无从考据了。

清水和浊水

去年夏天各省抗旱，今年夏天江河泛滥，农民叫苦连天，饿尸遍野，水的问题够严重的了。

伍秩庸先生论饮水说："人身自呼吸空气而外，第一要紧是饮水。饮比食更为重要，有了水饮，虽整天的饿，也可以苟延生命。人体里面，水占七成。不但血液是水，脑浆78％也都是水，骨里面也有水。人身所出的水也很多，口涎、便溺、汗、鼻涕、眼泪等都是。皮肤毛管，时时出气，气就是水。用脑的时候，脑气运动，也是出水。统计人身所出的水，每天75两。若不饮水，腹中的食物渣滓填积，多则成毒。如果能时时饮水，可以澄清肠脏腑的积污，可以调匀血液使之流通畅达，一无疾病。"这一篇话，自然是根据生理学而谈。于此可见，水的问题对于人生更密切了。

然而，一杯水可以活人，一杯水也可以杀人。水可以解毒，也可以致病。于是水可以分为清水和浊水两种，清水固不易多得，浊水更不可不预防。18世纪中，英国大化学家卡文迪什在试验氢与氧的合并时，得到了纯净的水。后来法国大化学家拉瓦锡证实了这个试验，于是我们知道水是氢和氧的化合物。这种用化学法来综合而成的水，当然是极纯净极清洁的了。然而这种水实在不可多得，只好用它做清水的标准罢了。

一切自然界的水，多少总含有一些外物。外物愈多则水愈浊，

外物愈少则水愈清。这些外物里面，不但有矿物，如普通盐、镁、钙、铁等的化合物之类还有有机物。有机物里面，不但有腐烂的动植物，还有活的微生物。微生物里面，不但有普通的水族细菌，如光菌、色菌之类，还有那些专门害人的病菌，如霍乱弧菌、伤寒杆菌、痢疾杆菌之类。

自然界的水的来源，可分为地面和地心两种。地面的水有雨水、雪水、雹、冰、浅井、山泽、江河、湖沼、海洋等。地心的水就是深井的泉水。

雨水应当是很干净的了。然而当雨水下降的时候，空气中的灰尘愈多，所带下来的细菌也愈多。据巴黎门特苏里气象台的报告，巴黎市中的空气，每一立方米含有6040个细菌，巴黎市中的雨水，每一升含有19000个细菌。在野外空旷之地，每一升的雨水，不过有一二十个细菌。雪水比雨水浊，这大约是因为雪块比雨点大，所冲下的灰尘和细菌也较多吧。然而巴斯德曾爬上阿尔卑斯山的最高峰去寻细菌，那儿的空气极清，终年积雪，雪里面几乎是完全无菌的了。雹比雨更浊。1901年的7月，意大利帕杜亚地方下了一阵大雹，据白里氏检查的结果，每一升雹水至少有140000个细菌。这或是因为那时空气动荡得很厉害，地上的灰尘吹到云霄里去，雹是在那里结成的，所以又把灰尘包在一起，带回地上了。冰的清浊，要看是哪一种水结成的。除了冰山冰河以外，冰都是不大干净的啊，因为在冰点的低温度，大多数的细菌都能保持它们的生命啊。

浅井的水，假如井保护得法，或上设抽水机，细菌还不至于太多。若井口没有盖，一任灰尘飞入，那就很污浊了。山涧的水，不使粪污流入，较为清净，所含的微生物，多是土壤细菌，于人无害，但经一阵大雨之后，细菌的数目立刻增加了好几倍。

江河的水最是污浊，那里面不但有很多水族细菌和土壤细菌，而且还有很多的粪污细菌，这些粪污细菌都有传染疾病的危险呀。粪污何以曾流入江河里面呢？这都是因为无卫生管理，无卫生教

育，于是一般无训练的民众都认为江河是公开的垃圾桶，在这一个大错之下，不知枉送了多少性命呀。湖沼的水比江河为净。水一到了湖就不流了，因为不流，那儿无数的细菌都自生自灭，所以我们说湖水有自动洗净的能力，而以湖心的水比傍岸的水尤为清净少菌。

海水比淡水为净。离陆地愈远愈净。1892年英国细菌学家罗素在那不勒斯海湾测验的结果，在近岸的海水中，每1立方厘米有7万个细菌，离岸4000米以外，每1立方厘米的海水，只有57个细菌了。在大海之中，细菌的分布很平均，海底和海面的细菌几乎是一样的多。

由地心涌出的泉水和人工所开掘的深井的水是自然界最清净的水。据文斯洛的报告，波士顿的15个自流井，平均每一立方厘米只有18个细菌。水清则轻，水浊则重。清高宗曾品过通国之水，以质之轻重，分水之上下，乃定北平海淀镇西之玉泉为第一。玉泉的水有没有细菌，我们没有试验过，就有，一定也是很少很少的了。

水的清浊有点像人，纯洁的水是化学的理想，纯洁的人是伦理学的理想，不见世面，其心犹清，一旦为社会灰尘所熏染，则难免污浊了。清水固然可爱，然而有时偶尔含有病菌，外面看去清澈无比，里面却包藏祸心，这样的水是假清水，这样的人是假君子，其害人而人不知，反不如真浊水真小人之易显而人知预防。而且浊水，去其细菌，留其矿质，所谓硬性的水，饮了，反有补于人身哩。

化学工作上，常常需要没有外物的清水。于是就有蒸馏水的发明，一方将浊水煮开，任其蒸发，一方复将蒸汽收留而凝结成清水。这种改造的水是很清净无外物的了。

医学上用水，不许有一粒细菌芽孢的存在。于是就有无菌水的发明。这无菌水就是将装好的蒸馏水放在杀菌器里消灭，将水内的细菌一概杀灭。这样人工双重改造过的水，是我们今日所有最纯净的清水了。

浊水还可以改造为清水，人呢？

地球的繁荣与土壤的劳动者

吾乡福州，环山抱海，在人迹未到之前，原是闽江北岸鼓山脚下一片荒地，几块乱石而已。后来，由苗民部落，而田舍，小村，小镇，而县城，而府治，而今日福建的省会，其间也曾做过好几年帝王的宫城，至今城内犹留下三座秀丽的小山——于山、乌石山及屏山，是当初的三块大石头，当苗民初来时，荆棘野草满目，不堪行人。后经他们一步一步地踏成羊肠小径，渐渐化为泥路。汉族移民到此，把它砌成为石子路，又改造为石板路。吾家在于山之麓，我幼时，到明伦小学去读书，天天从家里出来，要转好几个弯，这些石板路，是走得极其纯熟的了。谁知15年之后，回到故乡，已街道改观，不识旧人，三坊七巷之间，都是宽大平坦的马路了。

由羊肠小径变成平坦大道，由荒野乱石变成热闹的都市，这个浩大的工程，谁的功，谁的力，谁的汗滴成的呢？

埃及的金字塔，中国的万里长城，欧洲各处的大教堂、皇宫，纽约的摩天大厦，地球上一切伟大的建筑物，君王只须一道命令，阔佬只须一张支票，工程师不过绞了一点脑汁，谁在那里天天流汗、呼喊、挣扎而造成的呢？这些建筑物，千古长存，任人凭吊，而流汗的大众却早已被后人所遗忘了。

太阳是群星的一颗，地球又是太阳的一粒碎片，福州只是地球上的一抔黄土，几根青苔而已，那些大的建筑物，在地图上，却不

过是一点一圈一横一直罢了。

　　地球是我们人类的家乡。地球的年龄，据地质学家的估计，大约是46亿年。当它初从太阳怀里落下来的时候，是一团火焰，溶化着各种元素。后来慢慢地冷下来了，凝结成了一块橘子形的大石头，直径不及8000英里，地心犹是火焰，地面热腾腾的蒸汽。后来地面起了皱纹了，凹凸不平，凹处蒸汽冷了，变成海洋，凸处成为高山。高山的岩石，被风霜冰雹打成碎片散沙，为大雨所冲洗而下，随江河的急流而入于海。这些散沙，在海底浸润了几千万年之久，变成烂泥，等到了环境和气候都适合于生物生存的时候，于是小小的生物，如阿米巴、海藻之类，斯斯文文，不慌不忙地，从烂泥中，一个个跳出来，和太阳行见面礼。这时候的地球是阿米巴和海藻的世界了。

　　又过了几千万年之后，三叶虫出世，夺了阿米巴的宝座，自称为大海霸王，如今一切的昆虫，都是它后代的儿孙。再过了几千万年，大鱼小鱼都出世了，还有一跳一跳的癞蛤蟆也跟着后面来了。有一天癞蛤蟆露出头来在水面观光，发现了陆地，大喜，哇的一声，一跃而上，觉得这里倒很清净，从那天起，时时带它的老婆儿女，出没于水陆之间，号称两栖。这时候陆地上也有了一层烂泥了。

　　由于蛤蟆的领导，大海里的动物，都要爬到陆地上去觅食，但是它们水里游泳已惯，一旦爬上岸，只得匍匐蹒跚而行，后来觉得陆地上有趣，都不肯回到水中，于是就有爬虫类的出现。这些洪荒时代的爬虫，都是奇形怪状，庞大无比。它们无时不在追捕弱小的动物，以充饥肠。弱小的动物，被它们迫得无处逃生，经过几百万年的奋斗，果然有一天，前身两臂渐渐化成翅膀，奋力一伸，飞上天空，于是天空就有了飞鸟了。

　　地面上的气候，一天比一天冷了。赤身光体的爬虫，抵不住寒风的侵袭，为应付新环境，自然界就产生了哺乳类动物。哺乳类全身都有很厚很长的毛，可以御寒。它们又感到卵生之不便，把孵育的工作收回子宫里面，等到胎儿的雏形完成之后，才离开了母体。

胎儿出生之后，又把它放在安全的地方，喂以母乳，教之觅食，直到长成能自往觅食为止。这时候陆地上已有了森林了。

哺乳类动物以猿猴为最聪明。它利用了两手攀登树木，剖吃果实，渐渐有了起立步行之势。大脑渐渐地发达了，有了记忆力，就发生了情感作用；有了想象力，就发生了理智作用。结合情感与理智，便有了创作发明的力量，于是原始人竟和猴子有些不同了。他看见地上有许多石子和火石，就拣几个起来，制成种种石器，或粗或细，可以猎食，可以防身。由原始人到现在，据说已有50万年的光阴了。至少，在第四次冰河退走之后，第一个和现代人一样身材容貌之真人出现的时候，距今也有25000年了。

石器时代过去了。人类分支繁殖起来，征服了动植物，居然做了地球上唯我独尊的主人翁了。由狩猎的生活而进为渔牧的生活，而进为耕种的生活，而进为工厂机械商人大腹贾的生活了。由野人一变而为酋长，由酋长一变而为国王皇帝，由国王皇帝一变而为资本家，资本家一亡，便为劳动者的世界了。由于怕鬼怕天怕黑暗而入于神学的思想，神学不足信，乃代以玄学，玄学不足信，乃代以科学发达起来，于是火车、汽车、轮船、飞机、无线电、120层摩天楼、电梯，一上一下，飞来飞去，时东时西，忙个不停，流线型的生活，穷极物质之奢，把地球的面皮抓得怪痒难受的。假使原始人复活起来，走到南京路上，一定目瞪口呆，东张西望，不知怎样是好，手里所存的一块石头子也忘其所用了。现代人果然厉害！

然而，追本还原，生物的原始，是从烂泥中出来的，地面上一切生物的繁荣，也都靠着烂泥里面食料的供给，源源不绝。人类一切的进步，科学一切的发明，也都要归功于烂泥。烂泥是一切生命创作的源泉啊。

烂泥就是土壤。土壤的结构，是矿物的粉粒与有机物的碎片相拌，再和以水或空气。有机物是由于动植物的尸身分解而来。动植物的死亡相继不已，则有机物的供给无穷。然而矿物的粉粒有时不

足。徒有有机物而无矿物，则是垃圾堆，不是土壤。徒有矿物而无有机物，则是沙滩，也不是土壤。所以，要使土壤里面的食料不至于完尽，以维持地球的生活，一定要时时补充，时时变换。这变换和补充的职务，谁能担任呢？谁是土壤的劳动者呢？

是蚂蚁吗？是蚯蚓吗？蚂蚁、蚯蚓，在土壤里，钻来钻去，忙的是自己的吃饭和居住的问题，不过它们奔走的结果，确有松解土壤之功，使空气得以流通，然而对于变换和补充土壤的工作，它们是丝毫没有能力的啊。是人类的锄头么？是农人所施种的肥料么？锄头也不过是松解土壤，肥料只是增加土壤里有机物的容量而已。

土壤的劳动者，就是我们肉眼看不见的小宝宝，叫做细菌啊。土壤细菌的生生世世，唯一工作，唯一的使命，就是变换土壤的性质，补充土壤的原料。这等工作，除了土壤细菌而外，断非其他生物所能胜任。大多数的土壤细菌，都盘踞在离地面2至9英寸深的土壤里面。入土愈深则细菌愈少，在含湿气多的土壤，两三英尺深以下，就几乎完全没有细菌了。在经人灌溉过的松软的土壤里面，到了9英尺深，还有细菌。每克的土壤，含有300万至2亿个细菌。有这样多的细菌在那里工作，无怪乎土壤常常都是又肥又新鲜。

自阿米巴以至于人类，自青苔绿藻以至于大树上的残花枯叶，地球上一切的生物，不死则已，死了都要归入土中。细菌见了，就围着吃，慢慢地把它们身上的复杂的蛋白质，或纤维素，一点一点地都分解下来。有的变成碳酸气，送入空气中。有的变成阿莫尼亚，又氧化成为硝酸盐，这硝酸盐就是植物的最重要的一种食料，植物的根可以从土中自由吸收。硝酸盐是土壤的宝藏，它的供给所以能源源而来者，就是靠着土壤细菌，昼夜不息地工作哩。土壤细菌实是地球上最重要的劳动者，土壤的变换与补充，实是地球上最浩大的工程。

然而，在这资本主义还没有完全消灭的时代，劳动者还是被人看不起，小小的土壤细菌，能引起人类的注意吗？

凶手在哪儿

强盗在杀人，疾病也在杀人。

强盗的面前是财物，背后站着迫强盗为强盗的恶势力。

疾病的面前是身体虚弱不讲卫生的人，背后站着毒菌。

战争在酝酿着，时疫也在酝酿着。杀人的势力膨胀了。

战争的凶手是帝国主义者的军队，时疫的凶手是毒菌的兵马。

战争造成了毒菌大量杀人的机会。它没有正式利用过毒菌，也许终于不敢利用，而毒菌确早已尽量利用了它。

单举"脑膜炎"为例吧。脑膜炎的凶手，是爱吃人血的一对一对的"双球菌"。经过一次大战，它就盛行了一次。在欧战时，英军受害最烈，法军次之，德军几乎幸免，这或许是德国的军事卫生训练特别精到吧。

在战前，脑膜炎每年杀死的英国人，总不到200人。在1915年英国加入欧战之后，死于脑膜炎的人数，突然增至1521人。

在中国，脑膜炎素来就不和我们客气，一旦远东战事发生，即使敌人不散放脑膜炎的毒菌来扑灭我们，而因战时所造成的不卫生的环境，脑膜炎也自然会趁势蔓延起来。那时，我们一般军队和民众，既缺卫生训练，又少预防常识，一个个手忙脚乱，不知如何是好，怎么得了！

脑膜炎如此，还有其他更多更凶的毒菌，都在那里扩张军备，

瞧着，闻着，等候着大战的来临，就要一一发作，一一暴动起来，更怎么得了！

战争是时疫的导火线。

所以战争不仅是社会科学的问题，也还是自然科学的问题。

疾病不是私人的痛苦，大家都有份。病会流行，病会传染，传染所及，大众都要遭殃。一人的病，一变成大众的疫，全世界都生恐慌。

战争至大的对象，是要打倒了别人的国家，降服了异族。帝国主义者这才洋洋得意了。

时疫至大的对象，是要毁灭全人类，破坏生物界的完整。毒菌这才在那里吃吃而笑了。

所以时疫虽是自然科学的问题，更也是社会科学的问题。

帝国主义者这凶手的潜势力，是很深长、久远的，他是明目张胆地行凶，我们是司空见惯了。

毒菌这凶手的潜势力，也很深长、久远。可是它在暗中作怪，我们只觉着受它的攻打，见不着它一些儿的踪迹。

有一些儿毒菌的踪迹，虽是被科学家看穿了，我们大众哪里有这眼福。就是偶尔看到显微镜，也是茫然一无所得。

那么，请细菌学者开一张毒菌的清单，好么？那又都是一批一批，生硬的怪名词，看了更糊涂。

既有这些杀人不见血，不留影子的凶手，又有那些土头土脑，危险临头而还是那么懒洋洋的，没有团结力，没有自卫力的一般民众，这岂不是都坐着等死吗？

毒菌的真相，阵容，如何侵略我们，我们如何侦察、搜查，如何防御，如何消灭它们的恶势力，这些似乎都是专家的智识。然而大战爆发了，寥寥几位专家是不济事的。卫生局就有成千的医生，可以立时动员给我们打预防针，施救急药，一市数百万的居民，能个个都照顾到吗？中国有几个城市有卫生局呢？全国有多少能治病

的医生呢？

因此，中国的民众在抵抗帝国主义者侵略的时候，对于防御毒菌的常识，是必不可少的。

最先要认识毒菌的巢穴、魔窟。然后进可以攻，退可以守。则处处小心当防，不去沾染它。攻就要全部围剿，用消毒的手段去消灭它。

我是曾经在实验室里，掌管过毒菌的生死簿的一人，所以对于它的来历、形状，颇为清楚。

统观起来，屈指一算，它的魔窟，可有七处。

第一窟是水窟，叫它做粪窟，更为切实。粪原是毒菌的大本营。一杯明净的水，它的来源若流进了粪，就有不少的毒菌混入，看去还是明净，然而就是这一杯水，把毒菌送到我们的肚肠里去了。这一类的毒菌，如伤寒菌，如痢菌，如霍乱菌，都是极凶狠的。虽然，不要忘记了苍蝇，也是这一批传染症的帮凶。有时做帮凶的还是人们自己的手指头。

第二窟是人窟，更深切一点叫做喉窟也可以。毒菌就伏在人的咽喉里。带菌的人把它带来带去，四处散布，人众拥挤的地方，更是危险了。

欧战时就有不少这经验。在营房里，本来人气就多，到晚上又都床靠床地睡。据说床的隔离，要在3英尺以外，才没有传染的危险。这一类的传染病如结核，如白喉，如脑膜炎，如流行性感冒，如肺炎，如猩红热，等等，传染的法子，大同小异，都是以病人或带菌人为出发点。

第三窟是食窟，这一类的毒菌，如肠热毒，如腊肠毒菌，都不待苍蝇的提携，早伏在肉和菜里面了。中国人吃的肉煮得烂，危险似乎是较少。

第四窟是虫窟，身虱可怕么，它会传染斑疹伤寒。臭虱，吮血蝇可怕么，它们会传染回归热。跳蚤可怕么，它会传染鼠疫。不过

鼠疫还有老鼠被利用。疟蚊可怕么，它会传染疟疾，不过疟疾的主因，不是毒菌，而是毒原虫。这些虫儿们有些常见有些不常见，一律打倒，免得将来帮凶。

第五窟是兽窟，在这里，人和兽都是被屠杀者。因为人和兽的接近，兽的疫就跑到人身上来了。

疯狗咬人，人不但受伤，还会患狂犬病。马夫曾受马鼻疽的传染。牛羊的炭疽病，会传给织毛洗革的工人。地中海一带的人，吃了羊奶，也会得马耳他热病。牛奶有时也会送结核菌到我们的肚子里去。欧战时，前线的兵士多得急性黄疸病，据说是身上的伤口沾着了老鼠尿。日本也有七日热、鼠咬诸病，都与老鼠有关。的确，老鼠还是鼠疫的第一主人咧。

第六窟是土窟，这里抗敌的战士们是要特别注意呀！在战壕里，就伏有不少的毒菌。

不是那泥土不干净，就是那马粪太危险，受伤的军士是经不起破伤风毒菌的袭击呀。有时在战地上跳出一种虱子咬你一口，还会发生战壕热的病哩。

第七窟是皮窟，是皮肤和皮肤的密切接触而传染。那就是混入人类的性生活里的梅毒菌和淋菌。还有那爬在皮肤上老不肯去的麻风菌。这些顽固的毒菌，在传染病的暴风雨中，居然也占有一角很大的地盘。

也许还有第八窟。这第七窟也并不是天然的分界。不过在这七窟里，我们时时都可以发现毒菌在活动蔓延。

水，人，食，虫，兽，土，皮，这毒菌的七窟，认清吧！

临了，我记起一件事。第八窟是有的，那就在帝国主义者预备施放毒菌战的时期。那么我们要扑灭毒菌，先打倒帝国主义者！

科学趣谈：
细胞的不死精神

新陈代谢中蛋白质的三种使命

　　"**新**陈代谢"这名词，在大众脑子里，没有一些儿印象；就有，也不十分深刻罢，有好些读者，都还是初次见面。

　　比较的最熟识，而兼最受欢迎的，还是为首的那"新"字，尤其是在这充满了新年气象的当儿。

　　现在有多少人正忙着过新年。国难是已厌恶到这地步，民众仍是不肯随随便便放弃去吃年糕的惯例。得贺年时，还是贺年。虽是旧历废了，改用新历，但，不问新与旧，街坊上年糕店的生意，依样地兴旺。

　　只要年年年糕够吃，人人都吃得起年糕，人人都能装出一副笑眼笑脸去吃年糕，中国是永远不会亡的。

　　若只有要人阔人名人等，乃至于汉奸，吃得有香有味，而我们贫民、灾民、难民，迫在走投无路的角落里，吃些又咸又苦，自己的眼泪，那中国就没有真亡，我们已受罪，受得不能再忍下去了。

　　就有那些人，成天里，不吃别的，只吃些年糕当饭，也与健康有碍。因为平常的年糕里，大部分都是米粉、糖及脂肪，所含的蛋白质极少极少，而蛋白质却是食物中的中坚分子，不容吃得太少了。

　　大众说："'蛋白质'又是一个新鲜的名词，有点生硬，咽不下去。"

　　化学家就解释说："在动植物身上，所寻出的有机氮化物，大

102

半都是'蛋白质'。例如，鸡蛋的蛋白，就几乎完全都是蛋白质，蛋白质也因此而得名。蛋白质的种类很多，结构很复杂，而它实是一切活细胞里面，最重要的成分。地球上所有的生物中，不能没有它。动物的食料中，万万不能缺少它。"

生物身上之有蛋白质，是生命的基本力量，犹国难声中之有救国学生运动，是挽救民族的基本力量啊。

学生是国家的蛋白质。

旧年过去新年来，有钱的人家，吃的总是大鸡大肉，没钱的人家，吃的总是青菜豆腐，有的穷苦的人家到了过年的时候，也勉强或借或当，凑出一点钱来买些不大新鲜的肉皮肉胚，尝尝肉味。有的更穷苦的，战战栗栗地，拥着破棉袄，沿街讨饭也可以讨得一些肉渣菜底。顶苦的是苦了那些吃草根树叶的灾民，在这冰天雪地的季节，草根也掘不动，树叶也凋零枯黄尽了。吃敌兵的炮弹，只有一刹那间的热血狂流，一死而休。真是，我们这些受冻饿压迫的活罪，不啻早已宣判了死刑，恨不得都冲到前线去，和陷我们堕入这人间地狱，比猛兽恶菌还凶狠的帝国主义者肉搏。

肉搏是靠着徒手空拳，靠着肉的抗争力量啊！这也靠着肉里面含有丰富坚实的蛋白质啊。然而经常吃肉的人，虽多是面团团体胖胖，却不一定就精神百倍，气力十足。这是因为他们太舒服了，蛋白质没有完全运用，失去了均衡了。

至于青菜豆腐，草根树叶，虽很微贱，贵人们都看不起，却也有十分的力量，也含有不少的蛋白质。这些植物的蛋白质，吞到人的肚子里，不大容易消化，没有猪肉鸡肉那样好消化。然而劳苦大众吃了它们，多能尽量消化运用，丝毫都没有浪费，一滴一粒都变成血汗，和种种有力的细胞，只恐不够，哪怕吃太饱了。

蛋白质，不问是动物的，或是植物的，吃到了肚子里，经过了胃汁的消化，分解成为各种"氨基酸"。"氨基酸"又是一个新异的名词。它是合"阿莫尼亚"的"阿"和"有机酸"的"酸"而

成。我们大众只须认它是一种较简单的"有机氮化物"罢了。

这些"氨基酸"，就是蛋白质的代表，就渐渐地由小肠、大肠的圆壁上，为血液所吸收。所以过了大小肠之后，大多数的蛋白质都渐渐地不见了，以致屎里面所含"氮"的总量，总没有吃进去的东西那么多。

胃，就像是蛋白质的学校，我们吃进去的鱼肉鸡鸭、青菜豆腐，都在那里受胃汁的训练与淘汰，被血液吸收之后，便是蛋白质毕了业，被引到社会中服务去了。

进了血液，到了社会以后，是怎样发展，怎样转变呢？那便是我们目前所要追问的问题——"新陈代谢"。

"新陈代谢"是"营养"的别名，是食料由胃肠到了血液之后，直至排泄出体外为止，这一大段过程中的种种演变。

"新陈代谢"固不限于蛋白质，营养的要素，还有碳水化合物，脂肪、维生素、水、无机盐等。这些要素，一件也不能缺少，缺少一件就要发生毛病。然而，蛋白质却是它们当中的最实在、最中坚的分子。

蛋白质有什么资格，什么力量，配称做食物中的中坚分子呢？

这是因为它在营养中，在新陈代谢中，负有三种伟大的使命。

蛋白质化为"氨基酸"，进了肠的血流，都在肝里面会齐，然后向血液的总流出发，由红血球分送至全身各细胞、各组织、各器官。

在这些细胞、组织、器官里面，那"氨基酸"经过生理的综合，又变成新蛋白质。人身的细胞、组织、器官，时时刻刻都在变化、更换，旧的下野，新的上台，而这些新蛋白质，便是补充、复兴旧生命的新机构。

在被吸进了血流的氨基酸，种种色色，里面的分子，很是复杂。有的颇是精明能干，自强不息，立为细胞所起用；有的迟钝笨拙，或过于腐化，为细胞所不愿收。在这一点看去，据生理学者的实验，植物的蛋白质，不如动物的蛋白质之容易为人身细胞所吸

用。这理论如果属实，又苦了我们没得肉吃的大众了。

据说，牛肉汁的蛋白质，最丰最好，牛奶次之，鱼又次之，蟹肉、豆、麦粉、米饭，依次递降一个不如一个了。

那些不为细胞组织等所吸用，没有收做生命的新机构的"氨基酸"，做什么去了？我们吃多了蛋白质，那过剩的蛋白人才，有什么出路呢？

那它们的大部，就都变成为生命的活动力，变成和碳水化合物及脂肪一样，也会发热，也会生力。"氨基酸"又分解了。那"阿"的部分，变成为"阿莫尼亚"，又变成了"尿素"，顺着尿道出去了。那"有机酸"的部分，受了氧化，以供给生命的新动力。

这生命的新动力，便是蛋白质的第二种使命。

食物蛋白质的第三种使命，就是储存起来，以备非常时的急用。在这一点，它们是生命的准备库，是生存竞争的后备军。这一定要等到生命的新机构完成，活动力充足以后，才有这一部分多余的分子。

我们平日每顿饭都吃得饱饱的，尤其是常吃滋补品的人，身上自然就留下许多没有事干的，失业的蛋白质。它们都东飘西泊，散在人身的流液或组织里面，没有一点生气。

但，一到了危难的时候，一到那人挨饿，挨了好几天的饿，肚子里蛋白质宣告破产，血液没有收入，于是各组织都急忙调动，收容这些储存的蛋白质来补充，于是这些失业的蛋白质，都应召而往，活跃起来了。所以平常吃得好，蛋白质有雄厚的准备，一旦事起，虽绝食几天，不要紧。

在新陈代谢中，蛋白质是生命的新机构，生命的新动力，生命的准备库，可见……

学生，在民族解放运动声中，也负有这三种重大的使命。

学生是国家的新蛋白质。敬祝

学生运动成功！

民主的纤毛细胞

为了要写一篇科学小品，我的大脑就召集全身细胞代表在大脑细胞的会议厅里面，开了一次紧急会议，商讨应付办法。纤毛细胞和肌肉细胞的代表联名提出了一个书面建议，在那建议书上，他们提出了一个题目，就是："纤毛细胞和肌肉细胞"，他们的理由是：纤毛和肌肉都是人身劳动的主要工具，都是生命的最活泼的机器，应该向广大中国人民作一番普遍的宣传。

我的大脑细胞就说："本细胞不是生理学专家，虽然也曾在医科大学的生理学讲堂里听过课，并且曾在生理学的试验室里跑来跑去过，但这是很久以前的事了。因此对于生理学的记忆是十分模糊的。"

经过大家讨论之后，就决定由大脑的记忆区里面选出几位代表，会同视觉和听觉的代表，坐回忆号的轮船到微生物的世界里去访问微生物界的几个特出的细胞，征求他们的意见。

首先，他们去访问的是细菌国里的球菌先生。

球菌先生正坐在显微镜底下的玻璃片上面的一滴水里面。他，一丝不挂的光溜溜的细胞，坐在那里，动也不动，就对我的大脑细胞代表团说："这题目我对它一点印象都没有，因为我本身的细胞膜上面一根毛也没有，当我出现在地球上的空气中和土壤里面的时候，生物的伸缩运动还没有开始，因此，我对于这个问题是没有什

么意见的。"

在另外一张玻璃片上，他们又去访问了杆菌先生的家庭。

杆菌先生的家里，人口众多，形形色色，无奇不有。有的细胞肚里藏着一颗十分坚实的芽苞，有的细胞身上披着一层油腻的脂肪衣服。最后我的大脑细胞代表团发现一群杆菌在水里游泳，露出一根一根胡须似的长毛。

他们就上前对这些有毛的杆菌说明了来意。

那些杆菌就说："我们细胞身上虽然长出不少的毛，他们的科学名词却是鞭毛，我们都是鞭毛细菌，纤毛细胞还是我们的后辈，你们要到动物细胞的世界里面去调查一下，才能明了真相呀。"

出了细菌国的边境，有两条水路，一条可以通到原生植物的国界；一条可以直达原生动物的国境。

这原生动物的国土上有四个大都市：第一个大都市是变形虫都市，第二个大都市是鞭毛虫都市，第三个大都市就是纤毛虫都市，还有一个大都市，那是孢子虫都市。

变形虫和孢子虫的细胞身上都没有毛，鞭毛虫的细胞身上只有稀稀疏疏的几根鞭子似的长毛，只有那第三个大都市的居民才个个细胞身上生长着满身的纤毛，他们才是纤毛细胞真正的代表，也就是我的大脑细胞代表团所要访问的对象。

于是，他们就到纤毛细胞的都市里去采访这一篇科学小品的材料。

他们走进城里，看见那些细胞民众都在舞动着它们的纤毛，有的在走路，有的在吸取食物，有的在呼吸新鲜的空气。

他们看见他们那些纤毛摇动的形式各有不同，有的是钩来钩去的，有的是摇摇摆摆的，有的像大海中的波浪，有的像漏斗，但是他们的劳动都是许多纤毛集合在一起劳动的，他们是有统一运动方向的。

当时，他们的发言人对我大脑细胞代表团说："我们这一群纤毛细胞，世世代代都是住宿在这样的水面，有时也曾到其他动物身

上去旅行，你们人类的大小肠就是我们的富丽堂皇的旅馆，而我们的国家则是这水界天下。

"当我们出外游行的时候，我们常看到许多动物体内都有和我们一模一样的纤毛细胞。

"你瞧，就是在你们人类的身体上，就有许多地方生长着和我们同样的纤毛细胞。

"像在你们的鼻房里，你们的咽喉关里，你们的气管道上，你们的支气管道上，你们的泪管道上，你们的泪房里，你们的生殖道上，你们的尿道上，你们的输卵管道上，你们的输精管道上，甚至你们的耳道上，甚至你们的脑房里，和脊髓道上，都有纤毛细胞在守卫着，像守卫着国土一样。

"他们的工作是输送外物出境，从卵巢到子宫，卵的输送，和从子宫到输卵管，精虫的护送，也是他们的责任呀。

"他们这些纤毛细胞身上的纤毛，虽然是非常的渺小，但是由于他们的劳动是集体的合作，由于他们的方向是一致的，所以他们能够肩负起很重的担子，根据某生理学家的估计，在每一方公寸的面积上面，他们能够举起336克重的东西。

"这些纤毛细胞们还有一个最大的特色，那就是他们都是人体上的自由人民，他们的劳动是自立的，不受大脑的指挥，不受神经的管制。就是把他们和人体分离出来，他们还能够暂时维持他们纤毛的活动。

"但是好像处在反动统治时期高物价的压迫下，人民受尽了饥饿的苦难，这些纤毛细胞在高温度的压迫下，他们的纤毛也会变得僵硬而失去了作用。

"正如在反动统治的环境里面，许多人民不能生活下去，这些纤毛细胞在强度酸性的环境里面，也不能生存下去。"

我的大脑细胞代表团听完了这段话，就决定写一篇关于纤毛细胞的报告，并且把它的题目定做："民主的纤毛细胞"。

纸的故事

一

我们的名字叫做"纤维"，我们生长在植物身上。地球上所有的木材、竹片、棉、麻、稻草、麦秆和芦苇都是我们的家。

我们有很多的用处，其中最大的一个用处，就是我们能造纸。

这个秘密，在1800多年以前，就被中国的古人知道了，这是中国古代的伟大发明之一。

在这以前，人们记载文字，有的是刻在石头上，有的是刻在竹简上，有的是刻在木片上，有的是刻在龟甲和兽骨上，有的是铸造在钟鼎彝器上。这些做法，都是很笨的呀！

到了东汉时代（公元105年），就有一位聪明的人，名叫蔡伦的，他聚集了那时候劳动人民丰富的经验，发明了造纸的方法。用纸来记载文字就便当多了。蔡伦用树皮、麻头、破布和鱼网作原料，这些原料里面都有我们存在。他把这些原料放在石臼里舂烂，再和上水就变成了浆。他又用丝线织成网，用竹竿做成筐，做成造纸的模型。他把浆倒在模型里，不断地摇动，使得那些原料变成了一张席，等水都从网里逃光了，就变成了一张纸，再小心地把它拉下，铺在板上，放在太阳光下晒干，或者把它焙干，就变成了干的纸张。这就是中国手工造纸的老方法。

纸在中国发明以后，又过了1000多年，才由阿拉伯人把它带到

欧洲各国去旅行。它到过西西里、西班牙、叙利亚、意大利、德意志和俄罗斯，差不多游遍了全世界。造纸的原料沿路都有改变。

普通造纸的方法，都是用木材或破布等作原料。在这些原料里面，都少不了我们，我们是造纸的主要分子。拿一根折断的火柴，再从破布里抽出一根纱，放在放大镜下面看一看，你就可以看出火柴和纱都是我们组织成的。纸就是由我们造成的。你只要撕一片纸，在光亮处细看那毛边，就很容易看出我们的形状。

<h2 style="text-align:center">二</h2>

我们现在讲一个破布变纸的故事，给你们听好吗？这是我们在破布身上亲身经历的事。

有一天，破布被房东太太抛弃了。不久它就被收买烂东西的人捡走，和别的破布一起送到工厂里去。

在工厂里，他们先拿破布来蒸，杀死我们身上的细菌，去掉我们身上的灰尘。工厂里有一种特别的机器，专用来打灰尘的，一天可以弄干净几千磅的破布。随后他们把这干净的破布放在撕布机里，撕得粉碎。为了要把我们身上一切的杂质去掉，他们就把这些布屑放在一个大锅里，和着化学药品一起煮，于是我们被煮烂了。他们又用特别机器把我们打成浆。他们还有一部大机器，是由许多小机器构成的。纸浆由这一头进去，制成的纸由那一头出来。我们先走进沙箱里，是一个有粗筛底的箱子，哎呀！我们跌了一跤，我们身上的沙，都沉到底下去了。于是我们流进过滤器——是一个有孔的鼓筒，不断地摇动，我们身上的结和团块都留在鼓筒里。于是我们变成了清洁的浆，从孔里漏出来，流到一个网上。最后，我们由网送到布条上，把我们带到一套滚子中间，有些滚子把我们里面的水挤压掉，另有些有热蒸气的滚子，把我们完全烤干。最后我们就变成了一片美丽而大方的纸张。这就是机器造纸的方法。

这样，我们从破布或其他废料出身，经过科学的改造，变成了有用的纸张，变成了文化阵线上的战士。

漫谈粗粮和细粮

在一次营养座谈会上，我们讨论粗粮和细粮的问题，在座的有好多位伙食委员、经济专家、营养专家等。现在我把我们座谈的内容总结如下：

首先，我们谈到主食和副食的关系。

我们的伙食都是以粮食为主的，所有的粮食，如米饭、馒头、窝头、烙饼等，都是主食。

所有的小菜，如青菜、豆腐、鱼、虾、肉、蛋以及水果等，都是副食。

我国广大人民过去由于生活困难，在伙食方面养成了一种习惯，就是只注意主食而不注意副食，只注意吃饭而不注意吃菜，人们把大部分伙食费都花在主食方面。有许多单位和家庭把百分之八十的伙食费都花在主食方面，只有很少一部分花在副食方面。

到了新中国成立以后，因为国民经济状况逐步转好了，大家都富裕了一些，都想吃得好些，可是很多人就不想在副食上多花些钱，而光是想把粗粮换成细粮。有好些学校、机关、团体负责伙食的同志们，也犯了这个毛病，他们把大部分的伙食费买了白米、白面，结果副食费就很少了，不够补偿白米、白面的缺点，使大家不能得到所需要的营养。这样就使得好些人从前在伙食不好的时候还不常患什么营养缺乏病，这时候吃得"好"了，倒反而患病了。

为了满足我们身体对营养的需要，我们应当多增加些副食。白米、白面的绝大部分，在化学上说来，是碳水化合物（白面中还有一部分蛋白质），它所起的作用，主要是供给我们身体的热和能。副食除了有主食的这种作用以外，还供给我们身体所需要的其他营养成分。

但是为了要普遍满足广大人民对副食的需要，我们还必须促使国民经济进一步发展，这里包括着发展工业来推动农业的机械化和大量兴修水利工程以及发展畜牧业和渔业。在目前的经济情况下，要改进广大人民的营养条件，除了适当地增加副食以外，还必须在主食方面解决一部分问题。这就是：调剂主食，把主食的种类增多，吃细粮，也吃粗粮。

其次，我们谈到粗粮和细粮的区别。

细粮是指白米、白面，粗粮是指一般杂粮，这里面有：小米、高粱米、玉米、杂合面、黑面、荞麦面等。

各种谷类的蛋白质成分各不相同，因此，它们的营养价值也不相同。这是因为，蛋白质是由各种不同的氨基酸组成的，一种谷类的蛋白质可能只含有某几种氨基酸，而缺乏其他几种。我们的身体需要各种不同的氨基酸。假使我们平常只吃一种粮食，就使我们的身体得不到充分的、各种不同的氨基酸。因此，粗粮细粮掺和着吃，是有好处的。

从维生素方面来讲，粗粮也有它的优点。

我们知道，胡萝卜素是甲种维生素的前身，它在动物的体内能转化成为甲种维生素，可是它在细粮里面的含量是太少了，在小米和玉米里面它的含量就比较多。硫胺素（就是一号乙种维生素）和核黄素（就是二号乙种维生素），都存在于谷皮和谷胚里面，因此它们在粗粮里面的含量也比细粮高。至于说到其他维生素如尼克酸（也叫做烟碱酸）和无机盐如钙质和铁质等，一般也是粗粮比细粮含量高。

第三，我们谈到我们身体所需要的营养成分。

我们身体每天所需要的营养成分，就是碳水化合物、脂肪、蛋白质、无机盐和维生素等，因此，我们每天所吃的食物里面也必须含有它们，一种也不能缺少。

碳水化合物的作用主要是供给我们身体的热和能。

脂肪的作用，除了供给热和能以外，还能保持体温，保护神经系统、肌肉和各种重要器官，使它们不会受到摩擦。

蛋白质是构成我们身体组织的主要材料，它能使我们身体生长新的细胞和修补旧的组织。正在生长中的儿童应该多吃含有蛋白质的食物，使他发育成长。正在恢复期间的病人和产妇，也需要多吃含有蛋白质的食物，来修补被破坏了的组织。

无机盐有很多种，它们的作用都不一样：铁是造血的原料，钙是制骨的器材，磷是大脑、神经、奶汁、骨的建筑用品，碘可以预防"甲状腺"的肿大，其他如钠、钾、镁等也各有各的用处。

维生素也有许多种（已发现的约有30来种，其中有些是有机酸，有些是别种有机化合物），它们是生活机能的激动力，是日常食物中必不可少的物质。

吃了充分的维生素，我们的身体才能达到均衡的发展。它们还能加强我们身体的抵抗力，不仅能帮助白血球和抗体抵抗传染病的侵犯，而且还可以预防各种营养不足的病症。

如果我们的身体缺乏了甲种维生素，就会得夜盲病和干眼病。得夜盲病的人一到了傍晚，眼睛就看不清东西了，厉害的就会变成瞎子。得干眼病的人，最初的病症是眼球发干，眼泪少，后来渐渐发炎，出很多的眼屎，再坏下去就会流血流脓，眼球上起白斑，到后来眼球烂坏，眼睛就瞎掉了。

如果我们的身体缺乏硫胺素（一号乙种维生素），起初是胃口不开，精神不振，情绪不佳，易发脾气，消化不良，晚上睡不着觉，心脏跳动没有规律，思想不集中，后来就得了脚气病，两腿瘫

软，不能直立行走，这就是干性脚气病。如果心脏受了障碍，影响了血液循环，就有两腿浮肿的现象，这就是湿性脚气病。

如果我们的身体缺乏了核黄素（二号乙种维生素），就会发生口角炎、唇炎、舌炎，或者有阴囊皮炎、颜面皮肤炎等症状。

如果我们的身体缺乏了尼克酸（也是一种乙种维生素），就会发生神经、皮肤和肠胃系统的各种症状。神经症状严重的人会发呆。皮肤症状最常见的就是癞皮病：皮肤发炎、红肿、发黑变硬、起皱纹、有裂缝。肠胃症状主要的是腹泻，拉出的屎像水一样，混杂着未消化的食物，气味难闻得很，有时候可以一天拉30多次；如果治疗不当，也可以引起死亡。

如果我们的身体缺乏了丙种维生素（这种维生素虽然不存在粮食里面，但也是我们不可缺少的一种营养成分；一切新鲜的蔬菜和水果，如辣椒、番茄、橘子、橙子、柚子、柠檬、白菜、萝卜等里面都有它），骨头容易变质，牙齿容易坏，微血管容易破裂出血，结果就会成为坏血病。

丙种维生素在我们身体里面，可以促进抗体的产生，增加人体对于传染病的抵抗力。

此外，还有丁种、戊种和子种等各种维生素，在这里就不一个一个细讲了。

这样说来，我们的食物里面所含有的各种营养成分，对于我们的身体是非常需要的。

可是，这些营养成分，在精白细粮里面的含量不足人体的需要，大多数的粗粮里面才有充足的含量。吃细粮，也吃粗粮，我们身体在这方面的需要就能得到完全满足。这样看来，粗粮细粮都吃的人的身体比单吃细粮的人好，难道还不够明显吗？

第四，我们还指出了粗粮的价钱比细粮贱。

有一位经济专家说："白米白面，不但营养价值不如粗粮，而且价钱反而贵得多。譬如说，一斤小站大米价格是二角一分，一斤

白面约合到一角九分，而一斤小米只有一角四分，一斤玉米面只要一角二分。这就是说，买一斤小站大米的钱，够买一斤半小米；买一斤白面的钱，也可以买一斤九两多玉米面。那么，我们为什么不掺和着吃些粗粮，省下钱来多买一些副食品吃呢？"

说到这里，有一位有胃病的同志提出了疑问，他说："粗粮怕不会比细粮容易消化吧？"

营养专家说："我们必须从影响消化的各种因素来看问题。先要看我们的食物里面所含的粗纤维多不多。任何食物都含有一定分量的粗纤维，粗纤维有刺激肠蠕动的作用。如果食物所含的粗纤维过多了，肠蠕动受了过分的刺激，使食物在比较短的时间内就通过消化器官，以致消化液不能有充分的时间发挥分解食物的作用，便会造成消化不良。但是如果粗纤维含量过少了，也会影响肠蠕动不良，容易引起便秘。因此，食物中有适当含量的粗纤维（每天每人5至10克），那是必需的。有些粗粮如高粱和小米，粗纤维的含量不比细粮高，其他粗粮的粗纤维的含量，除了大麦、莜麦之外，也不至于对消化有什么影响。

"容易消化不容易消化再要看怎样煮法。大米煮熟以后是比高粱米和小米煮熟后消化得要快一些，但是如果将大米磨成米粉，再用水来煮，它的消化速度和经过同样处理的高粱粉和小米粉并没有什么区别。

"容易消化不容易消化更要看怎样吃法。有许多人吃东西是采取狼吞虎咽的办法，不经过咀嚼，没有发挥唾液的消化作用就吞下去，这样的吃法，不但粗粮不容易消化，就是吃细粮也一样不会消化完全的。此外，每次吃的分量，也会影响到消化的能力。

"还有，人体消化器官的功能和饮食习惯也有很大的关系。没有习惯吃粗粮的人，吃了粗粮之后先是不容易消化的，到习惯以后，一样可以很好地消化这些粮食。"

最后，有些同志提出粗粮好吃不好吃的问题。

他们说："吃粗粮虽然比吃细粮好，但是粗粮究竟没有细粮好吃呀！"

营养专家说："白米、白面比较粗粮容易做得好吃些，但人们觉得白米、白面好吃，有一部分还是由于老的习惯。这种习惯是可以逐渐改变的，觉得好吃不好吃的标准也是可以逐渐地改变的。况且，粗粮如果能稍稍加以精制和调和，也可以使它更适合人们的口味。在粗粮的制作方面，只要能注意多种多样化，时常改变花样，就可以提高人们对粗粮制品的兴趣。把小米面、玉米面和黄豆面三种混合起来吃，不但营养价值能增高，滋味也是很好的。"

我们在主食中吃粗粮以后，就可以将节余下来的伙食费，增买一些蔬菜。每人最好每天吃到蔬菜一斤，其中有一半是叶菜，尤其是绿叶菜（绿叶菜含有丰富的胡萝卜素和丙种维生素）。在冬季绿叶菜比较少些，可以多吃豆芽和甜薯，这两种食物都含有很丰富的丙种维生素。其他副食品要看经济条件而定，如果不能吃到鸡蛋和瘦肉、肝类的话，就多吃些黄豆制品如豆腐等。

此外，在烹饪操作上也还有几点要注意的地方：

（一）维生素大多数都是有机酸，它们都是怕碱的，所以做饭、做菜都不要加碱，免得维生素受到破坏；

（二）丙种维生素和乙种维生素都是容易溶解在水里的，它们又都怕热，所以不要用热水洗菜，应该先洗后切，切好马上下锅。洗米的时候次数也不要洗得太多，不使这些维生素损失掉；

（三）把米或其他食物放在不透气的蒸锅里蒸，不用火焰直接来煮，是一种很好的烹饪方法，蒸汽的压力不但能使食物熟得快，而且食物的营养成分也能够保存下来。

我们的党和毛主席是关心我们每一个人的健康的。我们的伙食，如果按照上面所讲的原则来改善，我们的健康状况一定可以提高，大家将有更充沛的精神和体力投身到祖国的经济建设事业中去。

❧ 灰尘的旅行 ❧

灰尘是地球上永不疲倦的旅行者，它随着空气的动荡而飘流。

我们周围的空气，从室内到室外，从城市到郊野，从平地到高山，从沙漠到海洋，几乎处处都有它的行踪。真正没有灰尘的空间，只有在实验室里才能制造出来。

在晴朗的天空下，灰尘是看不见的，只有在太阳的光线从百叶窗的隙缝里射进黑暗的房间的时候，可以清楚地看到无数的灰尘在空中飘舞。

大的灰尘肉眼固然也可以看得见，小的灰尘比细菌还小，就用显微镜也观察不到。

根据科学家测验的结果，在干燥的日子里，城市街道上的空气，每一立方厘米大约有10万粒以上的灰尘；在海洋上空的空气里，每一立方厘米大约有1000多粒灰尘；在旷野和高山的空气里，每一立方厘米只有几十粒灰尘；在住宅区的空气里，灰尘要多得多。

这样多的灰尘在空中游荡着，对于气象的变化发生了不小的影响。原来灰尘还是制造云雾和雨点的小工程师，它们会帮助空气中的水分凝结成云雾和雨点，没有它们，就没有白云在天空遨游，也没有大雨和小雨了。没有它们，在夏天，强烈的日光将直接照射在大地上，使气温不能降低。

这是灰尘在自然界的功用。

在宁静的空气里，灰尘开始以不同的速度下落，这样，过了许多日子，就在屋顶上、门窗上、书架上、桌面上和地板上，铺上了一层灰尘。

这些灰尘，又会因空气的动荡而上升，风把它们吹送到遥远的地方去。

1883年，在印度尼西亚的一个岛上，有一座叫做克拉卡托的火山爆发了。

在喷发的时候，岛的大部分被炸掉了，最细的火山灰尘上升到8万米——比珠穆朗玛峰还高八倍的高空，周游了全世界，而且还停留在高空一年多。

这是灰尘最高最远的一次旅行了。

如果我们追问一下，灰尘都是从什么地方来的？到底是些什么东西呢？

我们可以得到下面一系列的答案：有的是来自山地的岩石的碎屑，有的是来自田野的干燥土末，有的是来自海面的由浪花蒸发后生成的食盐粉末，有的是来自上面所说的火山灰，还有的是来自星际空间的宇宙尘。

这些都是天然的灰尘。

还有人工的灰尘，主要是来自烟囱的烟尘，此外还有水泥厂、冶金厂、化学工厂、陶瓷厂、锯木厂、纺织工厂、呢绒工厂、面粉工厂等，这些工厂都是灰尘的制造所。

除了这些无机的灰尘而外，还有有机的灰尘。有机的灰尘来自生物的家乡。

有的来自植物之家，如花粉、棉絮、柳絮、种子、孢芽等，还有各种细菌和病毒。有的来自动物之家，如皮屑、毛发、鸟羽、蝉翼、虫卵、蛹壳等，还有人畜的粪便。

有许多种灰尘对于人类的生活是有危害性的。自从有机物参加

到灰尘的队伍以来，这种危害性就更加严重了。

灰尘的旅行，对于人类的生活有什么危害性呢？

它们不但把我们的空气弄脏，还会弄脏我们的房屋、墙壁、家具、衣服以及手上和脸上的皮肤。

它们落到车床内部，会使机器的光滑部分磨坏；它们停留在汽缸里面，会使内燃机的活塞发生阻碍；它们还会毁坏我们的工业成品，把它们变成废品。

这些还是小事。灰尘里面还夹杂着病菌和病毒，它们是我们健康的最危险的敌人。

灰尘是呼吸道的破坏者，它们会使鼻孔不通、气管发炎、肺部受伤，而引起伤风、流行性感冒、肺炎等传染病。

如果在灰尘里边混进了结核菌，那就更危险了。所以必须禁止随地吐痰。

此外，金属的灰尘特别是铅，会使人中毒；石灰和水泥的灰尘，会损害我们的肺，又会腐蚀我们的皮肤。花粉的灰尘会使人发生哮喘病。在这些情况之下，为了抵抗灰尘的进攻，我们必须戴上面具或口罩。

最后，灰尘还会引起爆炸，这是严重的事故，必须加以防止。

因此，灰尘必须受人类的监督，不能让它们乱飞乱窜。

我们要把马路铺上柏油，让喷水汽车喷洒街道，把城市和工业区变成花园，让每一个工厂都有通风设备和吸尘设备，让一切生产过程和工人都受到严格的保护。

近年来，科学家已发明了用高压电流来捕捉灰尘的办法。人类正在努力控制灰尘的旅行，使它们不再成为人类的祸害，而为人类的利益服务。

电的眼睛

光的运动是一种波动，电的运动也是一种波动。

能不能把光波变成电波呢？

俄国物理学家斯托列托夫说：能。他制成了第一个光电管。

在光电管里，进行着光电的变化：光变成了电。

这是自然界里一种奇妙的现象，这是科学上一个伟大的发现。

利用光电变化的原理，科学家发明了电视。于是人们又多了一双眼睛——电的眼睛，这是现代人的千里眼。

最初的电视，是用机械的方法来传送的，这种方法传送出来的画面不大精致。这是1930年以前的事。后来，俄国科学家罗秦格发明了电子电视，利用电子流来传送形象。从此，电视事业才得到真正的发展。

电视的发明，使我们坐在家里，只须拨动一下电视机的开关，不但能听到各种讲演者、演奏者和歌唱者的声音，而且也能看见他们的动作。可以这样说：电视把讲演会、话剧、音乐会……搬到我们的家里来了。它丰富了我们的文娱节目，提高了我们的文化生活。

现在让我简单地介绍一下电子电视的原理。

发送电视的主要设备，是一个长颈的玻璃真空管，叫做"摄像管"。这是1931年苏联科学家卡塔耶夫首先发明的。在它的宽广底部，有一块薄云母板叫做"镶嵌板"，上面涂满了细小的银粒，多

到几百万颗，每一颗银粒就是一个小光电管。"镶嵌板"的反面是一层薄薄的金属片。

"摄像管"的外面，安装着一块照相机用的镜头，人物风景通过这个镜头，它们的光亮射在镶嵌板上，使银粒起了光电变化，光变成了电。（不同的银粒，接收了不同的光亮，放出不同量的电子，同时使它本身带上了不同量的阳电荷。）

在摄像管的颈端，有一具"电子枪"。电子枪是金属丝绕成的，在通电烧热的时候，它会发出电子流，向镶嵌板射去，让它逐一扫过镶嵌板上的银粒。银粒从电子流得了电了，它上面的阳电荷立即消失，而镶嵌板后面的金属片上的阴电荷也跟着逐步减少。这样产生的电子流经过电子管放大器，就产生了"电信号"。

人物风景的各部分，所反射出来的光线，明暗不同，银粒上所接受的光亮，也深浅各异，因而所产生的电信号，也有强有弱。这些电信号叫做形象信号，它们和播音机所发出的声音信号联合在一起，变成了无线电波，由发射机从天线中发射出去。

收听和观看电视节目的人们，通过电视机的天线，从空中收到了这些无线电波。

关于收音部分，我们按下不表，单说形象部分：

接收形象的主要设备，叫做"电视管"，它也是一根长颈真空玻璃管，在它的颈部也有一具电子枪，能发射出电子流，不过，在它那宽广的底部，却是一块玻璃"荧光屏"。当电视管里的电子枪发出电子流的时候，就会把这些强弱的形象信号反映在荧光屏上，这样和原来一样明暗的人物风景，就会出现在观众的眼前了。

电子流的运动非常迅速，每一秒钟可以发送出25幅画面，这样就能保证观众不但看到人物的形象，而且看到他们的动作，和在现场观看一样。

发送电视，需要建立电视中心。电视中心是发送电视的司令台。苏联1938年就在莫斯科和列宁格勒建立了电视中心。

发送电视，需要用超短波（波长一到十米的无线电波），但是超短波不能传送很远，最远不超过几十公里，所以我们得用电缆来传送，同时，在各个城市建立地方的电视中心。现在苏联正计划在更多的城市建立新的电视中心。我国也要在第二个五年计划开始的时候，建立电视中心。

电视事业有着远大的前途，它的发展是未可限量的。苏联科学家正在研究五彩电视、立体电视和电视电影。将来还可以采用飞艇或飞机来传送电视，使它传送得更远。

在今天，电视已直接参加了人类的生活，它扩大了人们的眼界。

有了电视，飞机师可以不怕遇着云雾而迷失方向，利用红外线电视，仍能看到地面上的情况，飞机可以安全降落。

有了电视，潜水员们可以坐在船舱里，不必下水就能观察到海底的一切景象。

有了电视，工人们坐在操纵室里，就能看到锅炉内部变化的详细经过，就能指挥机器大军前进。

有了电视，实习大夫们可以不用到手术室里去，就能清楚地看到施行手术的全部过程。

电视可以显微。我们可以利用紫外线"摄像管"把微生物活动的现象传送到小银幕上，使人们能看见普通显微镜所看不见的东西。

电视也可以望远。我们可以把电视摄影机装在火箭上，向月球或火星射出去，人们就可以从小银幕上看到月球或火星上的情景。

总有一天，只要你拨动几下电视机的号码盘，就不但可以和亲友谈话，而且还可以望见他的容貌。

电视的好处，真是说不完。

最近，我国第一电子管厂，在北京正式开始生产了，这对我国电视事业的兴起，提供了有利的条件。我们全国人民都将以欢欣鼓舞的心情，来迎接电视事业在中国的诞生，并且要在各方面积极工作，使我国的电视事业在不太长的时间内，迎头赶上国际先进水平。

镜子的故事

报载：1956年12月日本本州中部冈山市的一个古墓里发现13面中国古代铜镜，估计有1800多年的历史。这些古镜呈圆形、有花纹，都是用青铜制成的。

青铜镜是镜子的祖先，它的发现一向为考古学家所珍视。

考古学家在100多年以前，就在埃及一座坟墓里找到一个有柄的金属圆盘，已经生锈，当时人们不知道这个圆盘作什么用。

有的说，这个圆盘是用来代替扇子的；有的说，它是一种装饰品；又有的说，这是一个烤饼的烤盘。

后来经过试验证实，这是一面青铜镜子。

古时候，除了用青铜制造的镜子以外，还有用银子制造的银镜和用钢制造的钢镜。但是，这些金属镜子一遇到潮湿就会发暗生锈，失去本来面目。为了避免这一点，就不能让它们的表面同空气和水分接触。这就需要用玻璃来制造了。

从金属镜到玻璃镜，镜子走了一段有趣的历史。

在人们还没有学会做玻璃以前，是不懂得制造玻璃镜子的。威尼斯人是制造玻璃的能手，首先发明制造玻璃镜子的也是他们。他们的制法是把水银和锡的合金跟玻璃粘在一起。他们一直保守着这个秘密。

于是，欧洲的王公贵族、阔佬名人都到威尼斯去订购镜子。

法国有个王后叫做马利·得·美第栖斯，在她结婚的时候，

威尼斯共和国曾献给她一面玻璃镜子作为礼物，这面镜子虽然小得很，据说它的价钱却值15万法郎哩。王后很爱它。

爱好镜子竟成了一种风气；镜子变成一种显耀的东西。当时的贵族都争先恐后地宁愿什么都不买，却一定要买一面玲珑的镜子。

从此，法国的金钱都流到威尼斯去了。

为了挽回这种利益，法国驻威尼斯大使奉到密令，叫他收买两三名做镜子的技师，把他们偷偷地运到法国去。不久之后，在法国诺曼底地方也建立了一座制造玻璃镜子的工厂。

法国爱买镜子的人更多起来了。有钱的人都想给自己家里弄到一面镜子。人们开始用镜子装饰床铺、餐桌、椅子和橱柜，甚至于在礼服上也缝上小镜子片，使跳舞的时候在灯光照耀之下闪闪烁烁地发光。这真是美丽呀！

镜子的需要一年比一年增加，但是它的质量还很低劣，玻璃表面不平，照出来的嘴脸歪曲不正，而且镜子都很小，不能照全身。

于是人们渴望着有大玻璃镜的出现。

制造大玻璃镜之功，是属于法国人的。但是，制造大玻璃镜就需要用大玻璃板，而把玻璃板磨平和磨光是一件十分细致和沉重的工作，这种工作既吃力又费时间，结果大玻璃镜的价钱就非常昂贵了。幸而在今天，人们已经发明一种用机器磨玻璃的方法，而且还能使这种方法自动化。这样就使镜子的价格大跌，一般平民也都买得起。玻璃镜子的制法越来越完善，它的用途也越广。

人们已经不再用水银和锡的合金了，而是在玻璃板上涂了一层薄的银子，在它的上面又涂上一层漆来保护这层银子。这样制成了镜子，照出来的影子非常清楚。

现在人们已经能造出一种新式玻璃，一面看去是镜子，一面看去是透明的玻璃。把这种玻璃装在汽车上，就使你能浏览窗外的风光人物，而过路的人却不能望见你，只能看见他自己。

科学技术的进步真令人兴奋。

摩擦

摩擦是一种自然现象，哪儿有运动，哪儿就会发生摩擦，这是用不着什么大惊小怪的。

在远古的时候，我们的祖先发明了钻木取火的方法，就是利用摩擦的原理。现在，我们天天都要擦火柴，擦火柴就是一种摩擦的作用呀！

在正常的情况下，摩擦现象对于机器的活动是有帮助的，没有它，马达上的皮带就不会转动，车轮就不会向前滚动，一切装在机器上的零件都要松散，各种东西都要滑来滑去站不住脚。这样看来，摩擦是很需要的了。

然而，我们的机器，往往因为摩擦过多而损坏。在这种情况下，摩擦就变成机器的敌人了。

一般说来，物体的表面越粗糙，越不平，它们之间所发生的摩擦越大；反之，物体的表面越光滑、越平坦，它们之间所发生的摩擦越小，这似乎是没有疑问的了。

但是，在这里不要过分地信赖你的眼睛。你的眼睛看去是十分光滑的东西，如果把它们放在显微镜下仔细观察，仍然会现出许多皱纹，像山地一样高低不平；当它们碰在一起的时候，摩擦的作用仍然在进行。

也有这样的情形：物体的表面很光滑，摩擦的作用反而厉害。

这是因为：两个物体之间接触的面很广，距离又极近，物体的分子和分子之间互相吸引，因而产生了阻力，阻碍了物体的运动。

像这样的摩擦，就叫做滑动摩擦。

在滑动摩擦的时候，一开始要费很大的力气才能战胜阻力，后来滑动得越快，就越省力气了。这是因为：上面的物体还没有来得及落下去，就被向前推动了。但是，如果物体的重量增加，摩擦的作用也就会加大。所以沉重的东西，容易磨损。

另外有一种摩擦，叫做滚动摩擦，滚动摩擦比滑动摩擦省力。大家知道，滚一根木头比拖一根木头容易，这是因为：在滑动的时候，物体表面凸凹不平的部分，嵌得很紧，硬要把它平拖过去，当然要花很大力气。在滚动的时候，物体不停地转动，所以比较省力，也不容易磨损。

为了减少磨损，很久以来，人们就和摩擦进行了斗争。人们剥光大树的皮，削平石头的角尖，使它们容易滑动；后来，又利用滚木来搬运东西，这是人类利用滚动摩擦来代替滑动摩擦的开始；接着，就有车轮的产生，为远距离运输创造了有利的条件，人们越来越懂得滚动摩擦的好处；后来又发明了滚珠轴承和滚柱轴承，这样，又大大地减小了摩擦的坏影响。

为了减少磨损，人们又发明了润滑油，润滑油这东西，涂上了机器之后，也可以消除摩擦的坏影响。

但是，直到现在，工程师们所发明的润滑油，都没有人体内部所分泌的"润滑油"那样好。

人体是一架奇妙的机器，他的骨骼的关节表面，都在经常不断地互相摩擦着，为了预防摩擦的有害后果，人体在每一个关节里都会分泌出一种"润滑油"。所以在人的一生中，他的关节不断地工作，不断地摩擦，也不会出毛病。

什么时候我们的机器也能像人体一样完善，可就好了。

土壤世界（节选）

土壤——绿色植物的工厂

在一般人的心目中，土壤没有受到应有的重视。有些人认为：土壤就是肮脏的泥土，它是死气沉沉的东西，静伏在我们的脚下不动，并且和一切腐败的物质同流合污。

这种轻视土壤的思想，是和轻视劳动的态度联在一起的。这是对于土壤极大的诬蔑。

在我们劳动人民的眼光里，土壤是庄稼最好的朋友。要使庄稼长得好，要多打粮食，就得在土壤身上多下点功夫。

要知道，土壤和阳光、空气、水一样，都是生命的源泉。"万物土中生"，这是我国一句老话。苏联作家伊林，也曾把土壤叫做"奇异的仓库"。

不错，土壤的确是生产的能手，它对于人类生活的贡献非常大。我们的衣、食、住、行和其他生活资料都靠它供应。它给我们生产粮食、棉花、蔬菜、水果、饲料、木材和工业原料。

老实说，没有土壤我们就不能生存。

因此，我们要很好地去认识土壤，了解它，爱护它。

土壤是制造绿色植物的工厂，它对于植物的生活负有大部分的责任，它是植物水分和养料的供应者。

纯粹的泥土，没有水分和养料的泥土，不能叫做土壤。土壤这

个概念，是和它的肥力分不开的。

肥力就是生长植物的能力，就是水分和养料。这些水分和养料，被植物的根系吸取，通过叶绿素的光合作用，在阳光照耀之下，它们会同空气中的二氧化碳，变成植物的有机质。

能生长植物的泥土，就叫做土壤。这是苏联伟大的土壤学家威廉士给土壤所下的科学定义。他说："当我们谈到土壤时，应该把它理解为地球上陆地的松软表面地层，能够生长植物的表层。"

肥沃性是土壤的特点，它随着环境条件的改变经常不断地发生着变化。

有的土壤肥沃，有的土壤贫瘠。

肥沃的土壤是丰收的保证；贫瘠的土壤给我们带来不幸的歉年。

土壤一旦失去肥力，不能生长植物，就变成毫无价值的泥土而不再是土壤了。

土壤是大试验室、大工厂、大战场。在这儿，经常不断地进行着物理、化学和生物学的变化；在这儿，昼夜不息地进行着破坏和建设两大工程；在这儿，也进行着生和死的搏斗、生物和非生物的大混战，情况非常热烈而紧张。

在参加作战的行列中，有矿物部队，如各种无机盐；有植物部队，如枯草和落叶，和各种植物的根；有动物部队，如蚂蚁、蚯蚓和各种昆虫以及腐烂的尸体；有微生物部队，如原虫、藻类、真菌、放线菌和鼎鼎大名的细菌等。此外，还有水的部队和空气部队。所以有人说："土壤是死自然和活自然的统一体。"这句话真不错。

自从人类进入这个大战场之后，人就变成决定土壤命运的主人。

人类向土壤进行一系列的有计划的战斗，例如耕作、灌溉、施肥和合理轮作等。于是，土壤开始为农业生产服务，不能不听人的指挥，服从人的意志了。这样，土壤就变成了人类劳动的产物，为人类造福。

THE ADVENTURE IN BACTERIAL WORLD

土壤是怎样形成的？

大约几万万年以前，当地球还是非常年轻的时候，地面上尽是高山和岩石，既没有平地，也没有泥土。大地上是一片寂寞荒凉的景象，毫无生命的气息。

白天，烈日当空，石头被晒得又热又烫；晚上，受着寒气的袭击，骤然变冷。夏天和冬天相差得更厉害。几千万年过去了，这一热一冷，一胀一缩，终于使石头产生了裂缝。

有的时候，阴云密布、大雨滂沱，雨水冲进了石头裂缝里面，有一部分石头就被溶解。

到了寒冷的季节，水凝结成冰，冰的体积比水的体积大，更容易把石头胀破。

狂风吹起来了，像疯子一样，吹得飞沙走石；连大石头都摇动了。

还有冰川的作用，也给石头施上很大的压力，使它们破碎。

就是这样：风吹、雨打、太阳晒和冰川的作用，几千万年过去了，石头从山上滚落下来，大石块变成小石块，小石块变成石子，石子变成沙子，沙子变成泥土。

这些沙子和泥土，被大水冲刷下来，慢慢地沉积在山谷里，日子久了，山谷就变成平地。从此，漫山遍野都是泥土。这是风化过程。

但是呀！泥土还不是土壤，泥土只是制作土壤的原料。要泥土变成土壤，还得经过生物界的劳动。

首先，是微生物的劳动。

微生物是第一批土壤的劳动者。在生命开始那一天，它们就参加建设土壤的工作了。微生物是极小极小的生物，它们的代表是原虫、藻类、真菌、放线菌和鼎鼎大名的细菌。

这些微生物繁殖力非常强，只要有一点点水分和养料，就会迅速地繁殖起来。它们对于养料的要求并不高，有的时候有点硫黄或铁粉就可以充饥；有的时候能吸取到空气中的氮也可以养活自己，于是泥土里就有了氮的化合物的成分。同时，泥土也变得疏松了

131
PAGE NUMBER

些。这是泥土变成土壤的第一步。

但是，微生物的身子很小，它们的能力究竟有限，不能改变泥土的整个面貌，只能为比它们大一点的生物铺平生活的道路。经过若干年以后，另外一种比较高级的生物——像地衣之类的东西——就在泥土里出现了。它们的生活条件稍微高一点，它们死后，泥土里的有机质和腐殖质的成分又多了一些，泥土也变得更肥沃一些。

随着生物的进化，苔藓类和羊齿类的植物相继出现了。

每一次更高一级的生物的出现，都给泥土带来了新的有机质和腐殖质的内容。

这样，慢慢地，一步一步地，泥土就变成了土壤。

如果没有生物界的劳动，泥土变成土壤，是不能想象的。

不过，在不同的地方，不同的泥土、不同的气候、不同的地形和不同的生物，都会影响土壤的性质。

对于植物的生活来说，随着自然的发展，有时候土壤会变得更加肥沃；有时候土壤也会变得贫瘠。

农民带着锄头和犁耙来同土壤打交道，要它们生产什么，就生产什么；要它们生产多少，就生产多少。在人的管理下，土壤不断地向前革命。

在我们社会主义国家里，土壤的情绪是非常饱满而乐观的，它们都以忘我的劳动为农业生产服务。

什么决定土壤的性质？

土壤的种类繁多，名称不一，有什么黑钙土、栗钙土、红壤、黄壤之类奇异的名称。这些不同名称的土壤，各有不同的性质，有的非常肥沃，有的十分贫瘠。

决定土壤性质的有五种因素，这些就是：母质、气候、地形、生物和土壤年龄。

先谈谈母质。

母质又叫做生土，它们是土壤的父母，岩石的儿女。土壤都是

由母质变来的，母质又都是从岩石变来的。

地球上岩石的种类也很多：有白色的石英岩；有灰色的石灰岩；有斑斑点点的花岗岩；有一片一片的云母岩；等等。

这些不同的岩石，是由不同的矿物组成的。不同的矿物具有不同的性质，有的容易分解和溶解，有的比较难，它们的化学成分也不相同。

母质既然是岩石的儿女，它们的化学成分既受岩石的影响，又转过来影响土壤质量的好坏。例如：母质所含的碳酸盐越多，土壤也就越肥沃；相反，如果碳酸盐缺少，土壤就变得贫瘠。

母质——土壤的父母，它们的密度、多孔性和导热性也影响土壤的性质。如果母质是疏松多孔又容易导热，就能使土壤里有充分的空气和水分，那么土壤的肥沃性就有了保证。

第二谈气候。

不同的地区，有不同的气候。风、湿度、蒸发的作用、温度和雨量，都是气候的要素，它们都会影响土壤的性质。其中以温度和雨量的作用更为显著。

温度越高，土壤里的物理、化学和生物学的变化就进行得越快；温度越低就进行得越慢。雨量越多，土壤里淋洗的作用就越强，很多的无机盐和腐殖质就会被带走。雨量越少，土壤就会变得越干燥，淋洗作用也减弱。

第三谈地形。

地形的不同，对于土壤的性质也有很大影响。这是由于气候和地形的关系很密切，往往由于一山之隔，山前山后，山上山下的气候都不相同。

一般说来：地势越高，气候越冷；地势越低，气候越热；背阴的地方冷，向阳的地方热。如果是斜坡，土壤容易滑下来，土层就不厚；如果是洼地，土粒就很容易聚集起来，土层就堆得厚。地势越高，地下水越深；地势越低，地下水离地面越近。

　　所以，由于地形的不同，影响了土壤的性质，使有些地方植物生长得很好，有些地方植物生长得不好。

　　第四谈生物。

　　生物界对于土壤的影响是很大的，它们的行列中有植物、动物和微生物。

　　植物是土壤养料的蓄积者，它们的遗体留在土中，可以增加土壤有机质和腐殖质的成分，以供微生物活动的需要。植物的根还会分泌带有酸性的化合物，可以使土壤中难于分解的矿物质得到分解。

　　由于植物的覆盖，可以改变气候，就会使土壤的性质发生变化。例如：森林能缓和风力，积蓄雨水和雪水，润湿空气，减少土壤的蒸发。

　　动物中如蚯蚓、蚂蚁和各种昆虫的幼虫，也都是土壤的建设者，它们在土壤里窜来窜去，经过它们的活动，就会使土粒松软。

　　微生物对于土壤的性质影响更大。微生物的代表有原虫、藻类、真菌、放线菌和细菌，它们一面破坏复杂的有机物，一面建设简单的无机盐，促进了土壤的变化，使植物能得到更多的养料。它们之中，以细菌最为活跃，细菌不但是空气中氮素的固定者，它们还经常和豆科植物合作，把更多的氮素固定起来，使土壤肥沃，就是它们死后的残体也变成了植物的养料。

　　第五谈土壤年龄。

　　土壤的年龄有大有小。土壤从它的发生到现在，一直都在变化和发展。它由一种土壤变成另一种不同的土壤，因而土壤的年龄和它的性质是有关系的。土壤越老，它的内容越复杂。

　　以上五种因素，对于土壤的性质都有影响。但是，它们都可以由人类来控制。人类向大自然进军的目的，就是要改变土壤的性质，用人的劳动来控制土壤发展的方向，使它能更好地为农业生产服务。

水的改造

水，在它的漫长旅途中，走过曲折蜿蜒的道路，它和外界环境的关系是错综复杂的，因而水里时常含有各种杂质，杂质越多水就越污浊，杂质越少水就越清净。

纯洁毫无杂质的水，在自然界中是没有的，只有人工制造的蒸馏水，才是最纯洁的水。蒸馏的方法是：把水煮开，让水蒸气通过冷凝管重新变成水，再收留在无菌的瓶罐中，这样，所有的杂质都清除了。蒸馏水在化学上的用途很广，化学家离不开它；在医院里、在药房里、在大轮船上，它也有广泛的应用。

水里面所含的杂质如果混有病菌或病原虫，特别是伤寒、霍乱、痢疾之类的病菌，那就十分危险了。所以没有经过消毒的水，再渴也不要喝。

为了保证居民的饮水卫生，水的检查就成为现代公共卫生的一项重要措施。在大城市里，水每天都要受到化学和细菌学的检验，这是非常必要的。在农村里，井水和泉水最好也能每隔几个月检验一次。水经过检查以后，还必须进行一系列的清洁处理。我们的水源有时混进粪污和垃圾，这就是危险的根源。

一般说来，上游的水比下游的水干净，井、泉的水比江河的水干净，雨水又比地面的水干净。

江河的水都是拖泥带沙，十分混浊，所以第一步要先把水引

进蓄水池或水库里聚集起来，让它在那儿停留几个星期到几个月之久，使那些泥沙都沉积到水底，水里的细菌就会大大地减少。

但是，总免不了有一些微小的污浊物沉不下去，这就需要用凝固和过滤的方法，把它们清除掉。

凝固的方法：把明矾或氨投在水中，所有不沉的杂质都会凝结成胶状的东西被清除出去。过滤的方法：强迫污浊的水通过沙滤变成清水。这样做，有百分之九十的细菌都被拦住。

至于还有一些漏网的细菌，那就必须进一步想办法加以扑灭。

这就是空气澄清法和氯气消毒法。

空气澄清法，就是把水喷到空中，让日光和空气把它澄清。

氯气消毒法，就是用氯气来消毒水。氯气是一种绿黄色的气体，化学家用冷却和压缩的方法把它制成液体。氯气有毒，但是，一百万份水里加进四五份液体氯，对于人体和其他动物是无害的，而细菌却被完全消灭了。氯气在水里有气味，有些人喝不惯这样的水。近来有人提倡用紫外光线来杀菌，这样，水就没有气味了。

有时候，水的气味不好，是水中有某种藻类繁殖的结果。在这种情形下，我们可以在水里稍许加些硫酸铜，就能把藻类杀尽。硫酸铜这种蓝色的药品，对于人类也是有毒的，但是在3000吨水里，只加5公斤硫酸铜，那就没问题。

为了消灭水里的气味，又有人用活性炭，它能把水里的气味全部吸收，而且很容易除掉。

经过清洁处理的水，是怎样输送到各用户手里去的呢？它必须通过大大小小的水管，经过长途的旅行，然后才能到达每一个机关、工厂和住宅，人们把水龙头拧开，水就淙淙地奔流出来了。

由于地心引力的影响，水都是从高处流向低处的，所以蓄水池和水库必须建筑在高地上，如果用井水和泉水做水源，那就必须用抽水机把水抽送到水塔里去，水塔一定要高过附近所有的建筑物，才能保证最高一层楼的人都有水用。

🌸 衣料会议 🌸

衣服是人体的保护者。人类的祖先，在穴居野处的时候，就懂得这个意义了。他们把骨头磨成针，拿缝好的兽皮来遮盖身体，这就是衣服的起源。

有了衣服，人体就不会受到灰尘、垃圾和细菌的污染而引起传染病；有了衣服，外伤的危害也会减轻。衣服还帮助人体同天气作不屈不挠的斗争：它能调节体温，抵抗严寒和酷暑的进攻。在冰雪的冬天，它能防止体热发散，在炎热的夏天，它又能挡住那吓人的太阳辐射。

制造衣服的原料叫做衣料。衣料有各种各样的代表，它们的家庭出身和个人成分都不一样。今天，它们都聚集在一起开会，让我们来认识认识它们吧！

棉花、苎麻和亚麻生长在田地里，它们的成分都是碳水化合物。

棉花曾被称做"白色的金子"，它是衣料中的积极分子。从古时候起它就勤勤恳恳为人类服务。在人们学会了编织筐子和席子以后，不久也就学会了用棉花来纺纱织布了。

从手工业到机械化大生产的时代，棉花的子孙们一直都在繁忙紧张地工作着，从机器到机器，从车间到车间，它们到处飘舞着。当它来到缝纫机之前，还得到印染工厂去游历一番，然后受到广大

人民的热烈欢迎。

苎麻和亚麻也是制造衣服的能手，它们曾被称做"夏天的纤维"。它们的纤维非常强韧有力，见水也不容易腐烂，耐摩擦、散热快。它们的用途很广，能织各种高级细布，用作衣料既柔软爽身又经久耐穿。

羊毛和皮革都是以牧场为家，它们的成分都是蛋白质。

羊毛是衣料中又轻又软、经久耐用的保暖家，是制造呢料的能手。它们所以能保暖，是由于在它的结构中有空隙，可以把空气拘留起来。不流动的空气原是热的不良导体，可以使内热不易发散，外寒不易侵入。

在人们驯服了绵羊以后，就逐渐学会了取毛的技术。

皮革不是衣料中的正式代表，因为它不能通风，又不大能吸收水分，因而不能作普通衣服用。可是在衣服的家属里，有许多成员如皮帽、皮大衣、皮背心、皮鞋等都是用它们来制造，它们还经营着许多副业如皮带、皮包、皮箱等。皮子要经过浸湿、去毛、鞣制、染色等手续，才能变成真正有用的皮革。

像皮革一样，漆布、油布、橡皮布也不是正式代表，它们却有一些特别用途，那就是制造雨衣、雨帽和雨伞。

蚕丝是衣料中的漂亮人物，也是纤维中的杰出人才，它曾被称做"纤维皇后"。它的出身是来自养蚕之家，它的个人成分也是蛋白质。蚕吃饱了桑叶，发育长大后，就从下唇的小孔里吐出一种黏液，见了空气，黏液便结成美丽的丝。蚕丝在自然界中是最细最长的纤维之一，富有光泽，非常坚韧而又柔软，也能吸收水分。

利用蚕丝，首先应当归功于我们伟大祖先黄帝的元妃——嫘祖。这是4500多年前的事。她教会了妇女们养蚕抽丝的技术，她们就用蚕丝织成绸子。其实，有关嫘祖的故事只是一个美丽的传说。真正发明养蚕织绸的，是我国古代的劳动人民。随着劳动人民在这方面的经验和成就的不断积累提高，蚕丝事业在我国越来越发达起

来。公元前数世纪，我国的丝绸就开始出口了，西汉以后成了主要的出口物资之一，给祖国带来了很大的荣誉。

在现代人民的生活里，人们对衣服的要求是多种多样的，而且还要物美价廉，一般的丝织品和毛织品，还不能达到这样的要求，人们正在为寻找更经济、更美观的新衣料而努力着。

近些年来，在市场上，出现了各种品种的人造丝、人造棉、人造皮革和人造羊毛，这些都是衣料会议中的特邀代表。

人造丝来自森林；人造棉来自木材和野生纤维；人造皮革和人造羊毛来自石油城。

衣料会议中，有一位最年轻的代表，它的名字叫做无纺织布，它来自化学工厂。这是世界纺织工业中带有革命性的最新成就。这种布做成衣服能使我们感到：更轻便，更舒服，更保暖防热，更丰富多彩，也更经济。

无纺织布有人叫做"不织的布"，可以用两种方法来生产。第一种是缝合法，把棉、毛、麻、丝等纺织用的原料梳成纤维网，经过反复折叠变成絮层，然后再缝合成布。第二种是粘合法，把纤维网变成絮层，再用橡胶液喷在絮层上粘压成布。

无纺织布是第二次世界大战后的新产品，因为它能利用低级原料，产量高而成本低，还能制造一般纺织工业目前不能制造的品种，所以世界各国都很重视它的发展，它的新品种不断地在出现。

衣料代表真是济济一堂。

在闭幕那一天，它们通过两项决议。

它们号召：做衣服不要做得太紧，也不要做得太宽。太紧了会压迫身体内部的器官，妨碍肠管的蠕动和血液流通；太宽了妨碍动作而且不能起保暖的作用。

它们呼吁：衣服要勤洗换，要经常拿出来晒晒太阳，以免细菌繁殖；在收藏起来的时候，还得加些樟脑片或卫生球，预防蛀虫侵蚀。保护衣服就是保护自己的身体。

光和色的表演

节日的首都，艳装盛服，打扮得格外漂亮。到了晚上，各种灯光交相辉映，天安门前焰火大放，更显得光辉灿烂，美丽夺目。这正是光和色大表演的时候。

光来自发光体，这些发光体，有的是天然的，有的是人工的。对于居住在地球上的人来说，最主要的发光体就是太阳。天空里还有无数的恒星，有的比太阳还要庞大而光亮，但是它们离我们的地球都太远了。自然界里虽然还有许多微小的发光体如萤火虫、海底发光的鱼类、发光的细菌以及几种放射性元素，但是它们必须在黑暗中才能显现出来。

在晚上，我们就需要依靠人工发光体——灯火之光——来照明了。暴风雨中的闪电，虽然也是一种发光，但它不能持久。月亮就不是发光体，它的光是太阳所反射出来的。

光从发光体出发，在旅途中，受到各种物质的欢迎。有些物质是透明体，如空气、玻璃和胶片，光射到它们的身上，照例是通行无阻的。有些物质是半透明体，如雾、磨光玻璃和玻璃砖，光到了那里，一部分被反射，一部分被吸收，还有一部分是溜过去了。有些物质是不透明体，如木头、厚布、石板和金属，在这里，光的进军就受到完全的阻挠，不是被反射，就是被吸收。这是光在行进中的三种遭遇。

光遇到平滑的镜子，它的脚步是非常整齐的，因而镜中能留下物影，这是它最惊人的表现；光遇到粗糙的表面，就不是这样。

镜是光的助手，在凹面镜的大力支持下，光的强度是加大了，从小小的手电筒到大大的探照灯，都是利用了这个原理，光变得威风凛凛了。

色是光的女儿，如果让太阳的光线穿过三棱镜，光受到了曲折，就会呈现出一条美丽的色系，由大红而金黄，而黄，而绿，而靛青，而蓝，而紫，这是色的七个姊妹。红以下，紫以外，因为光波太长或太短的缘故，不得而见了。如果我们仔细观察一下，还有许多中间色，这些都是色的儿女，这些色混合在一起，会化作一道白光。

大雨过后，这七个姊妹常常在天空出现，十分美丽，这时候人们把它们叫做"虹"。

人们对于色的知觉，可以分作两派，一派是无色；一派是有色。

无色派就是黑与白及中间的灰色。

有色派就是太阳光色系中的各色，再加上各种混合色，如橄榄色和褐色之类。

有色派又分作两小派，一小派是正色；一小派是杂色。

火焰和血的狂流，都是热烈的殷红；晴朗的天空、海洋的水，都是伟大的蓝；大地上不是一片青青的草、绿绿的叶，就是一片黄黄的沙、紫紫的石，这些都是正色。

傍晚和黎明的霓霞、花儿的瓣、鸟儿的羽、蝴蝶的翅、金鱼的鳞，乃至于化学药品展览室里一瓶一瓶新发明的奇怪染料，这些都是杂色。

人们对于色都有好感。彩色的图画、彩色的电影和彩色的电视，都赢得了观众不少的好评。国庆节的礼花，这是铅、镁、钠、锶、钡、铜等各种金属燃烧后所放出的光和色的联合大表演，更是美丽动人，能使人欢欣鼓舞、精神振奋，进入诗的境界。

血的冷暖

在动物世界里，有冷血和暖血动物之分，这种区别究竟在哪里呢？为了回答这个问题，得先追查一下，动物身上的热气是从什么地方发生出来的。

有些人认为：热大半都是由摩擦而发生；动物身上的热气，也是血液和血管之间的摩擦而产生的。这种说法，一直到18世纪末叶，还盘踞在人们的脑子里。直到氧发现后不久，法国化学家拉瓦锡才指出：动物的热气，也是一种燃烧或氧化作用。他以为：生理上氧化作用的地点是在肺部，血液一到了肺部，它所含有的碳水化合物就和吸进去的氧化合，产生了水和二氧化碳，同时放出了大量的热。后来，根据生理学者的实验又证明了：体热的发生，应当归功于全身血液，不仅限于肺。

又经过多年的争论，科学界才一致公认：体热也不是单单从血液里产生，而是由全体细胞负责。氧运到了各细胞里，才开始氧化而产生热。血液所担任的只是运输和分配的工作，由于它的循环流动，就能把过剩的热送到过冷的部位去，互相调整。

除了生病发烧以外，动物的身体都能经常保持一定的温度。这是由于它们的体内有一种管束体温的机能。

以上的结论，是由观察暖血动物而得来的。至于冷血动物呢？它为什么有这样的称呼呢？是不是因为它的身体都是冷冰冰的，就

没有一丝热气呢?

一般说来,动物的血液所以有冷暖之分,是根据它们的体温和外界空气的比较而定。那么,人和鸟兽之类的动物,号称暖血,是不是它们的血液比空气热呢?爬虫、青蛙和鱼之类的动物,号称冷血,是不是它们的血液比空气冷呢?

事情不是这样简单。

暖血动物的体温,不受环境的影响,不论是在夏天还是在冬天,不论四周空气是比身体热还是冷,它们的体温都不会发生什么变化。所以暖血动物不如叫做有恒体温的动物。冷血动物的体温就有伸缩性了。在冬天,它们的体温常常是低的,低到和四周的空气或水相近;在夏天,环境的温度加高,它们的体温也随着上升。它们在冷的环境中,才变成冷血了,所以还不如叫做无恒体温的动物。

暖血动物能维持一定的体温,是由于它们氧化的力量很强盛,而且具有管束体温的机能。冷血动物的氧化力量薄弱,又没有管束体温的机能,即使有,也不十分发达。

还有冬眠动物,它们的体温介于暖血和冷血之间,也具有管束体温的机能,在平常的日子里,都能维持一定的体温,但遇到极冷的时候,它们就不能支持了。所以在冬眠期间,它们的体温几乎和周围的空气一样。

勤劳的蜜蜂过着集体生活,它的蜂群有时候被称做昆虫中的暖血者,这是由于它们的辛勤劳动产生了热气,能调节和维持蜂巢内的温度。恶毒的蛇,是爬虫类的后代,它们的体温有时比环境只高出2℃至8℃。有的爬虫也略具有管束体温的机能,可以防止体温升得太高。例如它们一到了太热的时候,就不得不喘气,喘气就是把肺里的水分蒸发了,于是热就消失不少。

总的说来,动物所以有热血和冷血之分,是由于它们对于环境气候的反应存在着生理上的分歧。

谈寿命

地球上的生命活动，远在5亿年以前就开始了。最初的生命，是以蛋白质分子的身份出现在原始的海洋里。

往后，越来越多的原始生物，包括细菌、藻类和以变形虫为首的单细胞动物集团，一批又一批地登上生命的舞台。

这些原始生物，都是用分裂的方法来繁殖自己的后代的。一个母细胞变成两个子细胞之后，母体的生命就结束了。所以它们的寿命都极短暂，只能以天或小时来计算，最短的只有15分钟。

当单细胞动物进化到多细胞动物，寿命也就延长了。

例如大家所熟悉的蚯蚓，就能活到10年之久。印度洋中有一种大贝壳，重300公斤，被称作软体动物之王，在无脊椎动物世界里，创造了最高的寿命纪录，能活到100岁。

一般说来，昆虫的寿命都很短促。成群结队飞游在河面湖面的蜉蝣，就是以短命而著名的，它们的成虫只活几小时，可是它们的幼虫却能在水中活上几年。

蜻蜓的寿命只有一两个月，它们的幼虫能活上一年左右；蝉的寿命只有几个星期，而它们的幼虫竟能在土里度过17年的光阴。

鱼类的寿命就长得多了。在福州鼓山涌泉寺放生池里所见到的大鲤鱼，据说都是100年以上的动物；杭州西湖玉泉培养的金鱼，也都是30岁以上的年纪了。

在长寿动物的行列中，乌龟的寿命要算最长的了。英国伦敦动物园里保存着一只巨大的乌龟，也许现在还活着，它的年纪已经超过300岁了。听说非洲的鳄鱼，也能达到这样的高龄。

达到100岁以上的动物，还有苍鹰、天鹅、象以及其他少数罕见的动物；一般猛禽野兽和家禽家畜之类，它们的寿命都在十岁到五六十岁之间。

在一般的情况下，它们都不能尽其天年，或者为了人类营养的需要而被宰吃，或者因为年老力衰得不到食物而饿死，也有的因气候突变或传染病而致死。

至于人类的平均寿命，欧洲在黑暗的中世纪，只有20到30岁，这连许多高等动物还不如。

文艺复兴以后，这个统计数字不断地在增长着。

现在有一些国家里，人的平均寿命已经达到70多岁的标准，这个标准比一般动物的寿命都要高。现在百岁以上的健康老人也常有所闻。

在我们现代社会，对于人的关怀，是从他的诞生前就开始的，因而婴儿的死亡率大大下降，各种保健制度都已建立起来。政府又大力提倡体育运动，以增强人民的体质。这一切，对于延长人民的平均寿命，都具有深远的影响。

随着医学的进步，爱国卫生运动的发展，危害人类的传染病逐渐消灭，就是那可怕的癌症的防治工作也有了不少进展。

近年来，科学家对于征服衰老的斗争，起了令人鼓舞的作用。许多新方法给我们带来了新的希望。

人能活到150岁以上，还不是人类寿命的极限。这句话，不能说是过分乐观的估计吧！

大海的宝藏

滨海的居民，对于海是熟悉的，人们一见大海，就会觉得海阔天空，一望无际，为之心旷神怡。大海有许多显著的特点，蕴藏着无限的资源，对于大陆上的自然条件，人类生活和工农业生产，都具有密切的关系和深远的影响。我国东南二面临海，连海岛在内，全部海岸线长达23，365公里！大海的宝藏是亟须引起我们注意和研究的课题。

风云的诞生地

大海是风和云的诞生地。北方的寒流和南方的热浪，经常在它的上空进行搏斗，这就是风的成因；白天它受到阳光的亲吻，把水分蒸发到空中去，遇冷而凝结，这就是云的来历。这样一年四季大海担负着调节气候的工作：它缓和了大陆气候的急剧变化，它调整了地球大气的温度，使人类和动植物得到有利于他们生活的自然条件。

元素的归宿处

大海是地球上各种元素的归宿处。科学家分析海水的结果告诉我们：海水里至少含有58种元素，约占地球所有元素的一半以上。这些元素有一部分是随着河流不远千里万里而来的。它们有的以无机盐的身份散居在水里；有的逐渐下降成为海底沉积物，如石灰质和硅酸盐类。在沉积物的下面，海底还蕴藏着多种多样的矿产资

147

源，如石油和天然气等。有人估计，世界上的石油，约有一半是埋藏在海底，这是一种极其丰富的自然宝藏，它的开发将给人类生活和生产带来巨大的福利和好处。

大家知道，人们可以从海水里取得日常生活所需要的食盐。除了食盐之外，还可以取得各种各样的化工原料、农业肥料、建筑材料和冶金工业用的耐火材料以及锰、镁、钠、钾、钙等各种金属和尖端技术所需要的各种稀有的贵重物质，如铀、钍、锂、锶、重水、重氢等。

生命的摇篮

大海是生命的摇篮。它包含着生命所需要的各种营养物质，又有着为生命所必需的生活条件，因此，几乎从每一滴海水里都能找到生物。

这些生物，有的漂浮在水面，有的栖息在海底，有的游泳在水中。和陆地比较，海洋中植物种类较少，而动物种类较多。以鱼类为首的脊椎动物和其他动物界代表，如虾、蟹、贝、墨鱼、海星、海蜇、海绵等以及著名的藻类植物海带等，都是以海为家，在海里生息不已。

这些形形色色的生物，除了供应人类的食品以外，还可以取得各种药品、工艺品、装饰品、香料、饲料和肥料。

动力的故乡

大海是动力的故乡。海洋的水是在永恒的运动中，海浪的冲击，潮汐的涨落，强大的风力，海面和海底间的温差，都可以转变成为电能；海水里的重氢和钍、铀等物质，海底的石油和天然气也都是非常重要的动力资源。

此外，人们还利用海水的浮力和海水变为淡水的新技术，来解决航运问题和用水问题，使海洋更好地为人民服务。

陆地的开发，虽久已领先，海洋的开发不免有落后之感，未来可做的事情还多着呢！

痰

请看历史的一幕："清康熙六十一年，帝到畅春园……病症复重……御医轮流诊治服药全然无效，反加气喘痰涌……翌日晨……痰又上涌格外喘急……竟两眼一翻，归天去了。"

我这篇科学小品就从这里开始。

痰是疾病的罪魁，痰是死亡的魔手，痰是生命的凶敌，痰使肺停止了呼吸，痰使心脏停止了跳动，多少病人被痰夺去了生命。

人们常说："人死一口痰。"

实际上不是一口，而是痰堵塞了肺泡、气管，使人缺氧、窒息，翻上来、吐不出的却只是那一口痰。

从宏观来看，痰的外貌是一团黏液。从微观来看，痰里有细菌、病毒、细胞、白血球、红血球、盐花、灰尘和食物的残渣。痰就是这些分子的结合体。

感冒、伤风、着凉是生痰之母，是生痰的原因。

气管炎、肺气肿、肺心病是痰的儿女，是生痰的结果。

咳嗽是痰的亲密伙伴，喷嚏是痰的急先锋，而哼哼则是痰的交响乐。

有了痰就会产生炎症，有了痰就会体温升高，这就导致急性发作或慢性迁延。

有了痰后应该积极进行治疗。

自然首先是要服药，服中药中的化痰药：祛痰合剂、蛇胆陈皮末、竹沥和秋梨膏。

服西药中的化痰药：氯化铵、利嗽平，包括消除炎症的土霉素、四环素、复方新诺明等药。

一旦服药无效，情况严重，还要输液打针。常用的就是：青链霉素、庆大霉素、卡那霉素，必要时还要动用先锋霉素，当然，这要视是哪一种病菌在作怪而定。

然而，治莫过防；防患于未然，则事半功倍。怎样做到事先预防呢？

第一，要预防感冒，小心不要着凉。传染病流行季节，不要到大庭广众中去。天气变凉时，要勤添衣服注意保暖。

第二，一定要把痰吐在痰盂或手帕里。这一社会公德是为了避免病菌在广阔的空间漫游，产生更多进入人体的机会。

不吸烟的人，不要去沾染恶癖。吸烟的人，一定要戒掉这生痰之"火"，否则，当你的生命进入中老年时期，就会陷入"喘喘"不可终日之中。

吸痰器也是人类和痰作战的有力武器。服药化痰固然是好，但光化不吸也是枉然。

吸痰器的功能，就是要把痰从肺泡和气管中抽出来。自从有了吸痰器之后，老年人就不再愁患痰堵之苦。在有条件的情况下，甚至出外旅行也可以带着它走。

我希望在城市的每一条街道，在农村的每一个生产队，都备有这种武器，这是老年人的福音，它可以挽救多少条生命——使这些人在晚年的岁月中，为四化建设贡献自己毕生积累的宝贵经验和思想财富。

图书在版编目（CIP）数据

细菌世界历险记/高士其著. —2版. —成都：
天地出版社，2023.8（2024.1重印）
（国际大奖儿童文学）
ISBN 978-7-5455-7408-1

Ⅰ. ①细… Ⅱ. ①高… Ⅲ. ①细菌—青少年读物
Ⅳ. ①Q939.1-49

中国版本图书馆CIP数据核字（2022）第209835号

国际大奖儿童文学

XIJUN SHIJIE LIXIAN JI

细菌世界历险记

出 品 人　杨　政
著　　者　高士其
责任编辑　李红珍
责任校对　杨金原
责任印制　刘　元

出版发行　天地出版社
　　　　　（成都市锦江区三色路238号　邮政编码：610023）
　　　　　（北京市方庄芳群园3区3号　邮政编码：100078）
网　　址　http://www.tiandiph.com
电子邮箱　tianditg@163.com
经　　销　新华文轩出版传媒股份有限公司

印　　刷　水印书香（唐山）印刷有限公司
版　　次　2023年8月第2版
印　　次　2024年1月第2次印刷
开　　本　720mm×975mm　1/16
印　　张　10
字　　数　160千字
定　　价　25.00元
书　　号　ISBN 978-7-5455-7408-1